青少年网络素养读本·第2辑 罗以澄 主编

数字鸿沟与数字机遇

SHUZI HONGGOU YU SHUZI JIYU

谢湖伟 著

宁波出版社
NINGBO PUBLISHING HOUSE

总　序

　　互联网技术的快速发展和广泛运用为我们搭建了一个丰富多彩的网络世界,并深刻改变了现实社会。当今,网络媒介如空气一般存在于我们周围,不仅影响和左右着人们的思维方式与社会习性,还影响和左右着人际关系的建构与维护。作为一出生就与网络媒介有着亲密接触的一代,青少年自然是网络化生活的主体。中国互联网络信息中心发布的第 47 次《中国互联网络发展状况统计报告》显示,我国网民以 10—39 岁的群体为主,他们占整体网民的 51.8%,其中,10—19 岁占 13.5%,20—29 岁占 17.8%,30—39 岁占 20.5%。可以说,青少年是网络媒介最主要的使用者和消费者,也是最易受网络媒介影响的群体。

　　人类社会的发展离不开一代又一代新技术的创造,而人类又时常为这些新技术及其衍生物所改变。如果不能正确对待和科学使用这些新技术及其衍生物,势必受其负面影响,产生不良后果。尤其是青少年,受年龄、阅历和认知能力、判断能力等方面局限,若得不到有效的指导和引导,容易在新技术及其衍生物面前迷失自我,迷失前行的方向。君不见,在传播技术加速迭代的趋势下,海量信息的传播环境中,一些青少年识别不了信息传播中的真与假、美与丑、善与恶,以致是非观念模糊、道德意识下降,甚至抵御不住淫秽、色情、暴力内容的诱惑。君不见,在充满魔幻色彩的网络世界里,一些青少年沉溺于虚拟空间而离群索居,以致心理素质脆弱、人际情感疏远、社会责任缺失;还有一些青少年患上了"网络成瘾症","低头族""鼠标手"成为其代名词。

2016年4月19日,习近平总书记在网络安全和信息化工作座谈会上指出:"网络空间是亿万民众共同的精神家园。网络空间天朗气清、生态良好,符合人民利益。网络空间乌烟瘴气、生态恶化,不符合人民利益 …… 我们要本着对社会负责、对人民负责的态度,依法加强网络空间治理,加强网络内容建设,做强网上正面宣传,培育积极健康、向上向善的网络文化,用社会主义核心价值观和人类优秀文明成果滋养人心、滋养社会,做到正能量充沛、主旋律高昂,为广大网民特别是青少年营造一个风清气正的网络空间。"网络空间的"风清气正",一方面依赖政府和社会的共同努力,另一方面离不开广大网民特别是青少年的网络媒介素养的提升。"少年智则国智,少年强则国强。"青少年代表着国家的未来和民族的希望,其智识生活构成要素之一的网络媒介素养,不仅是当下各界人士普遍关注的一个显性话题,也是中国社会发展中急需探寻并破解的一个重大课题。

网络媒介素养既包括对媒介信息的理解能力、批判能力,又包括对网络媒介的正确认知与合理使用的能力。为此,我们组织编写了这套《青少年网络素养读本》,第二辑包含由五个不同主题构成的五本书,分别是《网络语言与交往理性》《人与智能化社会》《数字鸿沟与数字机遇》《以德治网与依法治网》《网络强国与国际竞争力》,旨在帮助青少年读者看清网络媒介的不同面相,从而正确理解和使用网络媒介及其信息。为适合青少年读者的阅读习惯,每本书的篇幅为15万字左右,解读了大量案例,以使阅读与思考变得生动、有趣。

这套丛书是集体才智的结晶。作者分别来自武汉大学、中央财经大学、中南财经政法大学、湖南财政经济学院、怀化学院等高等院校,六位主笔都是具有博士学位的专家学者,有着多年的教学与科研经验;其中几位还曾是媒介的领军人物,有着丰富的媒介工作经验。写作过程中,他们秉持知识性、趣味性、启发性、开放性的原则,不仅带领各自的学生反复谋划、研讨话题,一道收集资料、撰写文本,还多次深入社会实践,倾听青少年的呼声与诉求,调动青少年一起来分析自己接触与使用网络的行为,一起来寻找网络化生存的限度与边界。因此,从这个层面上说,这套丛书也是他们与青少年共同完成的。

作为这套丛书的主编之一,我向辛勤付出的各位主笔及参与者致以敬意。同时,也向中共宁波市委宣传部、中共宁波市委网信办和宁波出版社的领导,向这套丛书的责任编辑表达由衷的感谢。正是由于他们的鼎力支持与悉心指导、帮助,这套丛书才得以迅速地与诸位见面。青少年网络媒介素养教育任重而道远,我期待着,这套丛书能够给广大青少年以及关心青少年成长的人们带来有益的思考与启迪,让我们为提升青少年的网络媒介素养共同出谋划策,为青少年的健康成长共同营造良好氛围。

是为序。

罗以澄

2021 年 3 月于武汉大学珞珈山

目录

第二章　数字鸿沟

第三章　数字机遇

第四章　青少年数字素养的提高

第一章

数字与人类社会发展

　　数字与人类社会的发展息息相关。从古人结绳记事,到阿拉伯数字的广泛应用,数字在人与人的沟通中起着不可或缺的作用。在农业社会向工业社会的变迁过程中,数字作为数学的基础在人类的科技发展史上留下了浓墨重彩的一笔。当二进制成为计算机的基本运作逻辑,互联网逐渐走进人们的生活,带领人类打开了信息社会的大门。

　　进入 21 世纪后,有人说,世界是平的,即世界的平坦化与全球化势不可当,但信息技术真的能让综合实力悬殊的国家和不同社会阶层的人们之间的沟壑被填平吗? 事实上,互联网扎根在人类社会,贫富差距就会无可避免地映射在互联网的现代化进程中,它有了一个新的名字 —— 数字鸿沟。但从另一方面看,新的技术也将带来新的机遇,互联网的发展也将带来一个更加公平的信息社会。

第一节 数字与社会

 你知道吗？

　　人类社会经历了一个从低级社会到高级社会的发展过程，人类文化也随之产生和不断发展，数字作为人类文化中数学科学的派生发展分支，也经历了曲折而漫长的发展过程。

一、数字与农业社会

（一）古人的计数方法

　　在文字、数字出现之前，也就是原始人时代，数量比较少的时候，人们常用掰手指计数，当然这仅限于十以内的计数。随着数量的增多，实物计数开始出现，人们用"月亮"代表"1"，"眼睛"代表"2"，"手"代表"5"，因为月亮只有一个，眼睛有两个，而一只手有五个手指头。那你知道一个人代表数字几吗？"人"代表"20"，因为一个人有十个手指和十个脚趾。除此之外，还有利用小石头、树枝、贝壳等来表示数字的，原则跟月亮、眼睛、手指一样,就是一一对应,这种习惯一直保持到现在。

但是实物计数的缺点在于携带、保存不便,容易丢失、弄乱,于是聪明的人类便发明了结绳记事。据古书记载:"事大,大结其绳;事小,小结其绳;之多少,随物众寡。"

结绳记事就是用一条绳子打结,绳结有不同的系法,就像我们今天系鞋带,也有很多不同的花式系法。不同的绳结代表着事情的性质、规模、所涉数量,以此来记录不同的事件,这就是结绳记事的原理。

明末有一位诗人叫唐汝询,小时候长得眉清目秀,最喜欢和哥哥们一起读书写字。不幸的是,他五岁时患上了天花,虽然保住了性命,但是双眼再也看不见了。失明之后,他不愿意放弃学习,除了每天到书房听哥哥们读书,他还依照古人结绳记事的办法,在绳子上打结,用刀子在木板或竹片上刻出各种各样的痕迹,来代表文字和诗句,并且每天摸着这些绳结和刀痕大声地朗读。用这样的方式,他写了一千多首诗,成为名闻天下的诗人。

《周易·系辞》云:"上古结绳而治。"上古时期没有文字,后来大多数民族有了自己的文字,但一直到近代,一些地区和部落仍在用结绳记事来记载信息。绳子的粗细,绳结之间距离的远近,以及绳结本身的大小,打结的方法,都代表不同的意思,由酋长和巫师按照一定的规则记录,将风俗传统和传说以及重大事件流传下去。

马克思在他的《路易斯·亨·摩尔根<古代社会>一书摘

要》中，曾提过印第安人的结绳记事，他们的记事之绳是一条用各色贝珠组成的绳带。"由紫色和白色贝珠的珠绳组成的珠带上的条条，或由各种色彩的贝珠组成的带子上的条条，其意义在于一定的珠串与一定的事实相联系，从而把各种事件排成系列，并使人准确记忆。"这些贝珠是印第安人对过去历史的唯一记录件，解释者需要经过专业的训练，才能够凭借贝珠带上的珠串和图形把记在带子上的各种事情解释出来。

比如说，两个人订下契约，一年后 A 要送给 B 五只羊，双方就各拿一段同样长的绳子，在相同的地方各打上完全相同的五个结，等到契约结束的那一天，双方一起回忆不同绳结代表的意思。

不过如果所有的事情都靠绳结来记录，时间长了，很难确保大家对每段绳结所代表的意思都记得准确无误。还有一个最大的问题，那就是绳结能够表达的意思实在有限，每表示一件事情就需要创造出一种新的编制方法，既烦琐，花费时间又较长，保存也非常困难，不论是在操作性还是在时间性上，都不是很有优势，最终被淘汰。于是在战国初年，算筹出现了。

在古代计算工具中，大家最熟悉的可能就是算盘，但真正促进古代数学发展的计算工具不是算盘，而是算筹。很多人可能没有听过算筹，影视剧中出现得也很少，大部分人对它并不是很熟悉，但古人有一句话叫"运筹帷幄之中，决胜千里之外"，其中的"筹"，便是算筹的意思。那时的人们用算筹来计数，一把木棍能玩出很多花样。

　　算筹由长短不一和粗细各异的小棍子组成,后来也有用竹子的,当然,一些贵族或有钱人家会用兽骨、象牙、金属等材料制作算筹。算筹一根为一枚,二百七十枚为一束,一般长约14厘米,粗约0.2厘米。放在一个布袋里,系在腰上,需要计算的时候拿出来,放在桌上或地上,就可以开始算数了。

　　在明代算盘出现之前,算筹是最主要的一种计算工具,通过算筹的纵横摆放,按十进制的方式来帮助运算。算筹主要有两种摆法,一种是横式,一种便是纵式。在纵式中,纵向摆放的每根算筹都代表1,纵筹上面摆一根横的,则这根横着的代表5,通过这种方式来表示大于5的数字。横式正好相反,横着摆的每一根都代表1,上面纵摆一根即代表5。

　　算筹要求个位和百位必须用纵式,十位和千位必须用横式。在个位数的左边放置一个筹数,代表这个筹数的十倍,十位数的左边则代表百位数,以此类推,遇零则置空,纵横相间,使各位界限分明,以免发生混乱。

　　算筹是世界上唯一只用一个符号的方向和位置的组合就可以表示任何十进位数字或分数的系统。接触过算盘的人都知道,在算盘中,上面的一个子代表5,下面的一个子代表1,这就是从算筹延续下来的。我国古代伟大的数学家祖冲之计算圆周率就是利用算筹完成的。可以说,算筹的发明、运用以及推广,代表着一个文明的缩影。

(二)阿拉伯数字的起源

0,1,2,3,4,5,6,7,8,9,我们再熟悉不过的这十个数字,就是现今国际通用数字。无论是中国人还是外国人,对阿拉伯数字都十分熟悉。不知道会不会有人思考这样一个问题,阿拉伯数字是谁发明的呢?很多人都会犯一个常识性错误,认为既然叫阿拉伯数字,那肯定是阿拉伯人发明的。其实发明阿拉伯数字的人,并不是阿拉伯人。这里就要给大家讲一下数字的发展历史和阿拉伯数字的由来。

最古的计数至多到 3。3 这个数字是 2 加 1 得来的,为了表示 "4",就必须是 2+2,5 则是 2+2+1,所以罗马的计数只到 5,即罗马数字中的 V。10 以内的数字都由 V 和其他数字组合起来,10 是由两个 V 组成的,表示为 X。后来人们在这个基础上改进,发明了现在我们常用的 0,1,2,3,4,5,6,7,8,9 这十个数字。

当阿拉伯人征服印度北部的旁遮普地区的时候,他们吃惊地发现,这里的数学竟然比他们还先进。于是他们将这里的数学家们全都抓到阿拉伯,给当地人传授新的数学符号和体系,以及计算方法。由于印度数字和计数法远远优于其他计算法,阿拉伯人都很愿意学习这些知识,商人们也乐于采用这种方法去做生意。在贸易过程中,十个数字符号由阿拉伯人传入欧洲,被欧洲人称为 "阿拉伯数字"。

由于这些数字笔画简单,写起来方便,看起来清楚,特别是采用计数的十进位法,笔算时,演算很便利,于是阿拉伯数字逐渐被世界各国广泛应用,成为世界各国通用的数字。

二、数字与工业社会

数字是运算的基本符号,是数学的基础,是学习和研究现代科学技术必不可少的工具。世界公认的三大著名数学家为阿基米德、牛顿和高斯,他们在赢得同时代人的高度尊敬的同时,也用自己的智慧引领了人类的历史。

阿基米德:给我一个支点,我就能撬起整个地球

公元前287年,阿基米德诞生于希腊西西里岛叙拉古附近的一个小村庄。他的父亲是天文学家兼数学家,学识渊博,为人谦逊。"阿基米德"是大思想家的意思,他的家庭十分富有,给了他良好的教育环境,受家庭影响,他从小就对数学、天文学特别是古希腊的几何学产生了浓厚的兴趣。在这座号称"智慧之都"的名城里,阿基米德博览群书,汲取了许多知识。

公元前213年,罗马执政官马塞卢斯率领一支有60艘战船的舰队,攻向叙拉古。罗马拥有当时最强大的海军,每艘战船有三层甲板,由150名桨手驾驶,载着75名士兵,25名军官和水手。其中有8艘战船经过改造,每两艘连在一起,载着一架威力巨大的攻城机,罗马军队用它来攻城,几乎攻无不克。但是马塞卢斯知道这一次非同寻常,因为叙拉古城里住着伟大的数学家和工程师阿基米德。

当罗马战船驶近城墙时,它们遇到了阿基米德的第一种武器——利用杠杆原理制造的一种叫作石弩的抛石机。巨大的抛石机抛出大石头,向甲板、桅杆和士兵砸去。有的战船躲过了被砸沉的命运,驶得更近了,这时阿基米德的第二种武器派上了用场:小型的抛石机从墙洞射出石头,虽然石头较小,但是速度更快,更密集,罗马士兵纷纷被击落水。但还是有一些战船驶到了墙底下,开始攻城。这时,从墙头伸出一根根又长又粗的木梁,扔下沉重的铅块,把战船和攻城机砸烂。然后,罗马士兵见到了他们从未见过的奇怪武器:一架架起重机从墙后伸出来,晃动铁爪,钩住船头,把战船垂直吊起,一松开铁爪,战船就被翻了个底朝天。马塞卢斯见此情此景,感叹道:阿基米德在用我们的船从海里舀水。"给我一个支点,我就能撬起整个地球"——这就是杠杆的力量。如今,杠杆原理已经应用在生活的方方面面,比如剪刀、开瓶器、筷子、塔吊、船桨等。

在战争的最后,神奇的一幕出现了。一群叙拉古士兵出现在墙头,一致晃动手臂,一道白光射向一艘一箭之遥的战船,这艘船就被点燃了。然后又射向第二艘、第三艘……罗马战船一艘艘地烧了起来,马塞卢斯赶紧下令撤退。这场战争被马塞卢斯称为罗马舰队与阿基米德一个人的战争。

1973 年,希腊科学家试图重现当时的情景。因阿基米德所在的时代还没有玻璃镜,只有铜镜或磨光的盾牌,因此在雅典的一个海军基地,士兵们举起了 70 面 1.5 米乘以 1 米的铜镜,瞄准 50

米外的一艘小木船。起初,许多人没法将光聚焦到船上,在反复练习后,终于对准了,几秒钟后,木船开始冒烟,很快就烧了起来。

阿基米德既是数学家,又是力学家,享有"力学之父"的美称,在其他诸多科学领域做出了突出的贡献,例如飞艇、航空母舰等都是在他的理论基础上发明的。飞艇中充满比空气密度小的气体,跟充满氢气的气球一样,会缓缓上升,当到达一定的高度,空气稀薄得跟飞艇中的气体密度差不多的时候,飞艇才会停止上升。根据阿基米德原理,一个物体在水中受到的浮力只要能够大于自身的重力,它就能上浮。航空母舰这么重,却能够漂在水面上,就是因为它排开水的体积非常大,与普通船只浮在水面上的道理是一样的。

牛顿:万有引力定律和三大运动定律

在中小学教科书中,我们肯定不止一次见过牛顿这一非同凡响的名字。正如人们所熟知的那样,他是英国伟大的物理学家、数学家和天文学家,提出了万有引力定律、三大运动定律,并开创了微积分学等。在影响人类历史进程的 100 位名人中,牛顿名列第 2 位,仅次于穆罕默德。[1]

少年时的牛顿并不是神童,他成绩一般,但他喜欢读书,喜欢看一些介绍各种简单机械模型制作方法的读物,并从中受到启发,自己动手制作些奇奇怪怪的小玩意儿,如风车、木钟、折叠

---

[1] [美]麦克·哈特.影响人类历史进程的 100 名人排行榜 [M].赵梅,韦伟,姬虹,译.海口:海南出版社,2020.

式提灯等[1]。后来,他在伽利略等人的研究基础上,总结出了物体运动的三个基本定律,开辟了大科学时代,被誉为"近代物理学之父"。

他有丰富的想象力,善于将错综复杂的自然现象进行简化。年轻的牛顿坐在自家后院的苹果树下,被一颗熟透的苹果砸中脑袋,于是他便开始思考:为什么苹果是掉地上,而不是蹿到天上去呢?于是万有引力定律被发现了 —— 任何物体之间都有相互吸引力,这个力的大小与各个物体的质量成正比,而与它们之间的距离的平方成反比。

牛顿的三大运动定律和万有引力定律为近代物理学与力学奠定了基础。万有引力定律和哥白尼的日心说又奠定了现代天文学的理论基础。牛顿通过论证开普勒行星运动定律与他的引力理论间的一致性,展示了地面物体与天体的运动都遵循相同的自然定律,从而消除了对日心说的最后一丝疑虑,并推动了科学革命。直到今天,人造地球卫星、火箭、宇宙飞船的发射升空和运行轨道的计算,都以此作为理论根据。

高斯:近代数学奠基者之一

高斯是德国著名的数学家、物理学家、天文学家和大地测量学家,被认为是世界上最伟大的数学家之一,享有"数学王子"的美誉。他出生在一个普通家庭,父亲是一个工匠,母亲是一个石

---

[1] 朱庭光. 外国历史名人传 [M]. 北京:中国社会科学出版社;重庆:重庆出版社,1984.

匠的女儿,没有接受过任何教育,从事女佣工作。高斯3岁的时候,有一天,父亲正在计算借债账目,在一旁玩耍的高斯突然插话:"爸爸,您算错了,这儿应该是……"他爸爸将信将疑地复核,发现自己竟然真的算错了。他睁大眼睛看着这个3岁的小孩,心想:我可从没教这小子算过数啊……

高斯7岁的时候,家里人将他送进德国不伦瑞克市一所普通的学校读书。10岁那年,他开始上算术课。在一堂数学课上,老师出了一道看似简单,但算起来十分烦琐的题:求 $1+2+3+\cdots+100=$? 高斯是全班第一个得出答案的学生,并且回答正确。原来,他找到了一个巧妙而迅速的解答方法:$1+100=101$,$2+99=101$,$3+98=101$,…… 这样加下去,总共有50对数,因此答案是:$50 \times 101=5050$。

老师大吃一惊,意识到这非同寻常:他的学生实际上独自琢磨出了等差数列求和的方法。之后,这位爱才又尽职的老师自己掏钱,买了一本最好的算术书送给高斯,小家伙很快就看完了。老师闻悉,对别人感慨:"他超过我了,我没有办法教给他更多的东西喽。"

与此同时,高斯的母亲和做纺织工人的舅舅也发现了他的特异之处,于是,他们鼓励他进一步钻研、学习。然而,高斯的父亲却顽固地认为,只有力气能挣钱,学问这玩意儿对穷人没用,他希望高斯能够像他那样,靠手艺谋生计。好在这时高斯已经名声在外,有权有势的斐迪南公爵对他十分欣赏,愿意负担他学习的费用,直到他完成学业。1792 年,15 岁的高斯进入卡罗琳学院学习,他很快就精通了古典语言,并且对哲学产生了浓厚的兴趣。

1796 年 3 月 30 日是高斯生命中的一个重要转折点,那一天他明确做出了从事数学研究的决定。他深入数学的王国,提出并证明了一些深奥的定理,如二次互反律、最小二乘法。他还运用自己的理论,巧妙地将尺规作图的几何问题化为一个代数方程,然后通过这个方程的整数解来确定哪些正多边形可以用尺规作出。由此,他成功地推导出正十七边形作图法,这是两千多年以来在正多边形作图问题上的第一个,也是唯一的一个进展。高斯对此深感自豪,曾请求人们在他去世后,在其墓碑上刻一个正十七边形,以作纪念。

高斯的天才表现不止于数学的抽象概念,他还十分重视数学的实际应用,他将数学方法运用在对天文学、大地测量学和磁学的研究中。1801 年元旦,天文学家观测到现在被称作"谷神星"的小行星,于天空出现 41 天后就在太阳的光芒下没了踪影。高斯只借助 3 个观测数据,就提出了一种计算轨道参数的方法,使天文学家在不久之后,毫无困难地确定了谷神星的位置。那一年,高斯仅 24 岁。当时,有一些杰出人物嘲笑他,说他把他的时间浪费在计算小行星轨道这种毫无用处的消遣上,他没有理会。后来,当他奠定电磁学的数学理论基础和发明有线电报的时候,他们也用同样的方式嘲笑过他,但他仍然坚持自己的研究。

如果我们把 18 世纪以前的数学家想象为高山峻岭,那么,最后一个令人肃然起敬的巅峰就是高斯;如果我们把 19 世纪以后的数学家想象为一条条江河,那么,其浩瀚的源头就是高斯。但是,高斯为人十分谦和。他曾表示,如果其他人也像他那样思考数学真理,也像他那样深入、持久地研究数学,那么,他们也能获得他所做出的那些成绩。由于其追求完美的秉性,另外也是为了规避无谓的争论,高斯把自己的许多重要发现和研究成果都记在了日记里,没有及时发表。后世曾有多位数学史家不无遗憾地评论:要是高斯生前把他自认为还不够成熟的研究成果或思路都及时公开,就可以使得后来的数学家们免于在许多重要领域长期地于黑暗中苦苦摸索,非欧几何的创立或可足足提前半个世纪,数学将比现在还要先进半个世纪或更多的时间,而数学史无疑也将被大大改写。

1855 年 2 月 23 日,高斯在睡梦中平静地与世长辞,享年 77 岁。他的家乡不伦瑞克市为他建造的一座纪念碑,满足了他生前的希冀:这座纪念碑矗立在一个正十七边形的底座上。

华罗庚说:"宇宙之大,粒子之微,火箭之速,化工之巧,地球之变,生物之谜,日用之繁,无处不用数学。"海森堡采用了数学中的矩阵来描述物理量,从而建立了量子力学;爱因斯坦正是深受数学家黎曼的影响而建立了广义相对论;柯尔马克和洪斯菲尔德运用拉顿变换设计出 CT,为医学诊断技术做出了巨大的贡献。随着人们认识领域的逐渐扩大,数学技术在每一个环节中都扮演着重要角色,是人类社会发展的中坚力量。

三、数字与信息社会

十进制就不多说了,逢十进位,一个位有十个值:0—9。我们的生活中到处都是十进制的身影,而目前计算机内部处理信息都是用二进制的。二进制就是逢二进位,它的一个位只有两个值:0 和 1。但它却是计算机系统的理论基础。理解二进制对于理解计算机的工作本质很有帮助。

二进制是计算技术中广泛采用的一种数制。德国数学家莱布尼兹是第一个明确提出二进制概念的人。二进制数据是用 0 和 1 两个数码来表示的数。它的基数为 2,进位规则是“逢二进一”,借位规则是“借一当二”。当前的计算机系统使用的基本上是二进制系统,数据在计算机中主要是以补码的形式存储的。因二进制只有 0 和 1 两个数码,对计算机而言,形象鲜明,易于区分,识别度高,运算规则简单,方便进行高速运算。数理逻辑中的“真”和“假”可以分别用二进制中的“1”和“0”来表示,这样就把非数值信息的逻辑运算与数值信息的算术运算联系起来,为计算机实现逻辑运算和程序中的逻辑判断创造了有利条件。

为了在计算机中执行二进制计算,我们需要采用一种特殊的电子元器件 —— 晶体管。简单而言,晶体管就是一种微型电子开关,通电就打开,断电就关闭。而这一开一关两种状态正好与二进制中的“1”和“0”对应。

有了计算机这种具有强大存储能力和计算能力的工具后,人们又产生了把每台单独的计算机终端连接起来,构成一张互联互通的网的想法,于是 20 世纪中期,一个不同凡响的新事物 ——互联网出现在了人类发明创造的舞台上。

1957 年 10 月 4 日,在苏联的拜科努尔航天中心,人类第一颗人造地球卫星被送入太空,引起了美国对国家安全问题的恐慌。美国总统向国会提出,建立国防部高级研究计划署,即刻获得了520 万美元的筹备金及 2 亿美元的项目总预算,以开发阿帕网。今天连接了我们每一个人的互联网,就萌芽在这个项目中。

1969 年 10 月 29 日晚,洛杉矶和斯坦福的研究员相隔五百多公里,预备传递"LOGIN"(意思是"登录")这五个字母,最终因为系统崩溃只成功对传了两个字母"LO"(意思是"瞧"),这两个字母的成功传递成为互联网诞生的标志。

互联网诞生之初,系统化与标准化未受到重视,不同厂商只出产各自的网络,因此只有同一个厂商生产的电脑才能实现通信,导致缺乏灵活性和可扩展性,这样就对用户使用计算机网络造成了非常大的障碍。为了解决这个问题,TCP/IP 协议应运而生。TCP/IP 协议统一了计算机之间互联互通的规则。简单来说,协议就是计算机之间事先达成的一种"约定",即用一种共通的"语言",实现由不同厂商的设备,不同 CPU 及不同操作系统组成的计算机之间的通信。互联网中具有代表性的协议有 IP、TCP、HTTP 等。平常我们发送一封邮件,或者访问一个网站主页时,都需要这些协议来进行交互。

虽然协议有很多种，但每一种协议都有明确的行为规范。两台计算机必须支持且遵循相同的协议，才能实现相互通信。协议的标准化推动了计算机网络的普及。1983 年 1 月 1 日，TCP/IP 协议在众多的网络通信协议中胜出，用数字统一了不同的计算机之间的通信规则，打破了各个机构设立不同规则的局限性，成为人类至今共同遵循的网络传输控制协议。

随着第一台电子计算机问世，人类进入了信息社会。在信息时代，我们的信息都以一串串信息编码的形式在网络中进行传播，即任何信息都会

> **资料链接**
>
> IP：网络协议，负责计算机之间的通信，以及在因特网上发送和接收数据包。
>
> TCP：传输控制协议，用于从应用程序到网络的数据传输控制，负责在数据传送之前将它们分割为 IP 包，并在它们到达的时候将其重组。
>
> HTTP：超文本传输协议，负责 web 服务器与 web 浏览器之间的通信，即从 web 浏览器向 web 服务器发送请求，并从 web 服务器向 web 浏览器返回内容（网页）。

被编码，每一段信息，包括文字、图片、语音、视频等，都对应一个随机的二进制数字，这个数字成为原来的信息所具有的独一无二的数字指纹，作为区别于其他信息的标志，就如同人的指纹一样。也就是说，仅仅通过 0 和 1，我们就可以表达和映射整个世界。

现代信息技术出现后，人类掌握、处理数据的能力有了极大

的提高。在信息社会,每个人都是网络中的一个节点,每一个节点都是平等的,并且与其他的节点相互连接。这种如渔网般的分布式网络构想,提供了数据流动的新途径,成为大数据和云网络的摇篮。

社会阶段的重大变化总是伴随着某种重大技术的诞生,从以物质为基础的社会,到以信息为基础的社会,数学、数字的发展,为互联网的出现准备了充足的条件,但是整个人类社会并没有做好迎接互联网的心理准备。身处一个新的时代,人类的未知远远大于已知。

第二节　信息社会的数字鸿沟

 你知道吗?

20 世纪 60 年代,一档希望通过传播手段去改善贫富儿童教育机会不平等状况的节目《芝麻街》走入了美国民众的家庭。然而,它并没有产生预想的传播效果,贫富儿童间的知识差距甚至扩大了。原来,并不是所有的家庭都有足够的经济条件去购买电视,对节目接触和利用最多的还是那些富裕家庭的儿童。由此,"知沟理论"应运而生。在互联网时代,"知沟理论"仍然存在吗? 它有没有发生什么变化呢?

一、信息社会数字鸿沟的产生

(一)数字鸿沟

数字鸿沟最先是由美国国家电信和信息管理局(NTIA)于1999 年在名为《在网络中落伍:定义数字鸿沟》的报告中提出的,指那些拥有信息时代工具的人以及那些未曾拥有者之间存在的鸿沟,这种贫穷国家与富裕国家之间存在的信息水平的巨大差别就是数字鸿沟。数字鸿沟的具体内容表现为 A、B、C、D 四个方面:

A(Access)指人们在互联网接触和使用方面的基础设施、软硬件设备条件上的差异,经济地位优越者在这方面有着突出的优势;

B(Basic skills)指用互联网处理信息的基本知识和技能的差异,而这与教育有着密切的关系;

C(Content)指互联网内容的特点、信息的服务对象、话语体系的取向等更适合哪些群体使用并受益;

D(Desire)指上网的意愿、动机、目的和信息寻求模式的差异[1]。

---

[1] 郭庆光.传播学教程 [M].北京:中国人民大学出版社,2011.

由这四个方面可以看出,数字鸿沟的产生与社会各阶层的不平等存在着密切的关系。

(二)数字鸿沟产生的原因

第一,经济收入的不平等是数字鸿沟产生的根本原因。

2001年世界经济论坛确定贫富差距是数字鸿沟产生的根源,这确实是最大的问题。由于互联网等先进设备的成本较高,很多亚非拉国家在相关基础设施上没有足够的经济条件去投入,导致这些地区互联网现代化进程发展较慢,信息经济发展水平较低。

曾经有过这样的一份数据统计,在发展中国家,有一半人从来没有使用过电话;整个非洲的电话线路加起来,才抵得上纽约曼哈顿岛的电话线长;芬兰一国的电脑主机数量要多于拉美和加勒比地区的总和;发达国家平均每千人拥有300台电脑,而发展中国家仅为16台;发达国家人口仅占世界总人口的17%,网络用户的数量却占世界总量的80%;发达国家平均6.8人中有1人为网民,而发展中国家平均440人才有1人上网;发达国家对信息技术的投资占全球总投资的75%,全球90%的电子商务额被发达国家垄断。这一系列的数据证实了贫富差距、经济收入上的不平等就是数字鸿沟产生的根本原因。

除了国与国之间的贫富差距,我们国家内部的社会贫富差距也悬殊。改革开放以来,虽然人均收入不断提高,但各个区域之间的发展水平仍然存在较大的差距,区域间的不平衡发展没有得到根本性改善,东部最发达地区与西部最贫困地区之间的人均

GDP 差距,在 2015 年已扩大到 8 万元以上,并且在持续扩大。经济基础决定上层建筑,在信息社会,经济地位对网络接入、信息接受和理解等方面都有很大的影响,这也会造成数字鸿沟的进一步加深。

第二是教育程度的不平等。

据调查,每 100 户农村家庭中,有 46.2 户有人使用过互联网。对使用过互联网的家庭深度了解发现,受访者本人表示会经常使用互联网的占了 25.1%,偶尔使用的占 33.3%。从年龄层看,20—39 岁的占会上网人数的 40.3%;从文化程度上看,学历越高,会上网的比例越高。

为了彻底改造农村,实现全面建成小康社会的目标,我国政府实施了很多的惠农政策,其中就包括户户通宽带这一优惠政策,解决了农村上网贵的问题,让农民能够以优惠的价格接触网络,开阔眼界,接受新信息。国家对于农村自愿装宽带的农民还有补贴。之前农村地广人稀,网线要拉到家里,可能需要拉很远,需要很长的网线,不仅耗费人力,还需要耗费很大的成本,因此很多通信公司不愿意做,但是自从农村统一规划,以及易地搬迁政策实施后,很多农民集中居住在一个小区,这样一来,装宽带方便多了,省力还省钱。在很多集中安置小区,宽带基本上只要 100 元一年,还送固定电话,通话也十分便宜。按说现在 100 块钱一年对农民来说不是问题,可是为什么还是有很多农民不愿意装宽带呢?

网络为助农插上翅膀

有的人认为,宽带费用虽然一年只有 100 块钱,但是以后可能还会有额外的费用,所以不敢轻易安装。因为之前农民在用电话的时候,由于操作不当,总是会莫名其妙地被扣掉很多费用,例如莫名其妙订购了彩铃,所以他们害怕安装宽带后被收其他费用。还有农民抱怨网速非常慢,家里每个房间的网速都不一样,可能在家里只有大厅可以用无线网,其他房间就用不了。一年虽然只收 100 块,但还不如使用手机流量。

第 46 次《中国互联网络发展状况统计报告》调查数据显示,电脑或网络知识缺失以及拼音等文化水平因素的限制,导致非网民不上网的占比分别为 48.9% 和 18.2%。不同教育程度者之间的数字鸿沟几乎是不可避免的,教育因素则一直是导致传播效果差异的重要因素之一,进而会影响个体对网络的认知度,以及其未来接触互联网的概率,数字鸿沟因此进一步加深。

第三,移动媒体出现之后,使用能力上的差异显得更加突出。

新浪微博 2020 年第一季度财报数据显示,微博月活跃用户达 5.5 亿,超过 Twitter。而腾讯公布的《2019 微信数据报告》显示,截至 2019 年 12 月,微信在全球共计有 11.51 亿月活跃用户。在中国,包括微博、微信在内的各种新媒体赋予了用户更多的权利,但是,我们也应该看到,个体对于这种权利的利用能力是不同的。直观表现就是,有一些人可以通过发布微博或者联系大 V 反映自己遇到的社会问题,而仍有一些人还不知道如何发微博。

2016 年 4 月 1 日,一名女士来到北京出差,入住朝阳区和颐酒店。4月3日晚上11点多,她回到酒店。在电梯里,一名陌生男子试图强行拖走她。为了阻止她喊叫,男子还用手掐住她的脖子和脸。一名路过的房客在旁一直劝说,男子仍不放手,过路房客最终出手相救,男子直接逃走。

这名女士认为,酒店对这件事情应该承担一定的责任,但一直到4月5日晚上,她都没有收到来自酒店方面的道歉。于是她用一个昵称为"弯弯_2016"的微博名在新浪微博连发两条视频,控诉该男子和酒店方。截至4月5日晚10点半,她的单条微博转发量达93万,相关话题阅读量超过20亿人次。4月6日上午10点半,该酒店主动联系了她,对整个事件予以回复并道歉。

在新媒体构筑的数字空间里,个体与个体的"表达能力"差别巨大,就像一道新的数字鸿沟 —— 表达能力越强,在社会议题中就越占优势。这种技术赋权正逐渐因为个体能力的差距演变为新的数字鸿沟。从形式上看,微博、微信、知乎等新媒体平台为大众创造了一个可以充分表达的公共议题空间,但只有少部分人能够利用媒体特点充分掌握话语权,而剩下的大部分人只能成为话题附庸[1]。

---

[1] 桂延钊.浅析新媒介赋权背景下日益凸显的"新数字鸿沟"[J].西部广播电视,2017(14):15—16.

二、信息社会数字鸿沟的发展

（一）从知识沟到数字鸿沟

20世纪60年代，美国处于社会动荡时期，约翰逊总统首先发起了对贫穷的战争，其首要任务就是消除贫穷的根源和社会两极分化的根源。1966年，美国政府提出利用大众传播来改变贫困儿童受教育的状况，于是就有了一档叫《芝麻街》的节目，这个节目的主要内容是运用木偶、动画、真人表演等各种带有趣味性的表演形式，向儿童传递一些常识性的知识。在没有任何广告宣传的情况下，这个节目竟然取得了全美儿童节目收视之冠。

节目播出之后，对贫困儿童的教育效果的确有所提高，但是总体而言，对节目接触和利用最多的仍然是富裕家庭的儿童，因此对其产生的效果比对贫困儿童产生的效果更显著。后来这个项目不仅没有缩小贫富家庭儿童教育程度上的差距，反而扩大了差异，于是1970年，蒂奇诺等人在《大众传播流动和知识差别的增长》一文中提出了著名的知沟理论。

知沟理论主要关注大众媒体的知识传播效果，即随着大众媒体向社会传播的信息量的日益增加，社会经济情况较好的人将比社会经济情况较差的人以更快的速度获取这类信息。处于不同的社会经济地位的人群，通过大众传播获得的某一方面的知识或信息差距有扩大而非缩小之势。

1977年4月，苹果推出人类历史上第一台个人电脑——Apple II。

针对当时苹果电脑的普及应用,一些学者提出数字鸿沟的概念。这里所谓鸿沟,主要指不同的社会群体在个人计算机占有率上的差异,造成的信息富人和信息穷人之间的差距。

（二）从硬鸿沟转向软鸿沟

数字鸿沟一词真正引起公众关注是在 1995 年。当时,美国国家电信和信息管理局发布《被互联网遗忘的角落:一项有关美国城乡信息穷人的调查报告》,详细解释了当时美国社会不同阶层的人群采纳和使用互联网的差别。从此,有关数字鸿沟的报道和研究不断出现。

随后一份名为《在网络中落伍》的报告对美国国内不同群体在使用互联网上表现的差距进行研究比较,最终认定在美国社会,数字鸿沟问题已经上升为重要的经济问题和公民权问题,应该引起政府的高度重视。[1] 起初,报告认为数字鸿沟的问题是个人是否拥有电脑的问题。2000 年,随着国际互联网的接入速度提高,对数字鸿沟的研究又转向宽带接入方式和拨号上网等方式的差异。

从数字鸿沟的起源来看,提出这一概念的最初目的是引起学者、政府及企业对不同人群所享受到的信息福利差异的关注。研究数字鸿沟的最终目的是防止不同人群因为客观条件的限制而享受不到信息扁平化带来的好处,进而出现较大的经济贫富差

---

[1] 沐贤斌 . 数字鸿沟的现状、成因及对策研究 [D]. 合肥:安徽大学,2010（10）.

距[1]。也是为了避免由于信息和通信技术在全球发展和应用的过程中,拉大国与国之间以及国家内部群体之间的差距,从而产生信息劣势阶层,导致社会发展不平衡。

在移动社交媒体时代,互联网的使用和准入门槛降低,数字鸿沟更多体现在利用互联网获取信息、发布信息的能力上的差异。搜索和接受能力越强的人越能获取更多的信息,表达能力越强的人在社会议题中越占优势。数字鸿沟由网络接入、信息技术等硬鸿沟,向网络行为、信息使用、知识获取等软鸿沟转变。

三、信息社会数字鸿沟的影响

数字鸿沟伴随着互联网数字技术发展而产生,受到社会本身存在的各种不平等因素的影响。同时,数字鸿沟再造了新的社会不平等。

(一)信息和知识贫穷的马太效应,进一步扩大贫富差距

所谓马太效应,指强者愈强、弱者愈弱的现象。信息富裕阶层利用自身的经济能力,占领信息资源和技术并进行信息投资,积极参与信息经济的发展,由此产生的优势积累又促进了其信息投资;而信息贫穷阶层缺乏这些资源和能力,甚至不能适应信息社会高速发展的新要求,进而导致其信息投资条件越来越差,最

---

[1] 靳安然,吴菊华,丁邡.数字鸿沟的概念框架 [J].中国经贸导刊,2013 (32):62-63.

终成为信息穷人、知识穷人和被网络区隔者。

数字中国发展指数（2018）显示,尽管数字中国的整体发展势头良好,但区域分化趋势较为明显。从单个城市看,北京、广东、上海三地在数字中国的建设上领跑全国;从我国11大城市群来看,珠三角、京津冀、长三角城市群数字产业指数远远领先于其他城市群,这就呈现出强者恒强,弱者愈弱的马太效应[1]。

经济基础是数字鸿沟产生的关键因素,同样,数字鸿沟拉大了不同群体之间的贫富差距。信息时代的交易,重要的是获取信息的速度与渠道。以农产品这种特殊的商品为例,产品周期短,易腐烂或过期。成熟的农产品必须及时流通出去,才能保证生产者的收益,此时,准确及时地获取求购信息就显得尤为重要。由于农村基础设施落后,农民缺乏了解农产品发行信息的渠道,采购人员没有数据支撑,也具有很大程度上的盲目性。即使采购人员能够到生产地采购,农产品也会受到运输、天气、交通等多方影响,导致价格波动。

最好的解决方式就是搭建农村电商平台,借助互联网,将大批分散的农产品分配给不同客户群体,形成集仓储、物流、供销企业于一体的农产品产销一体化服务系统。在缩短供应链的同时,可以以平台的高效传达稳定物价,互信机制的建立也会相对容易。

---

[1] 顾阳. 抓住"数字中国"建设机遇 [N]. 经济日报 . 2018-04-30（07）.

（二）催生代际鸿沟，加剧亲子隔阂

代际数字鸿沟是数字鸿沟研究中的一个分支。主要关注点不在于技术、设备，而在于年龄、成长环境和成长过程的差异。常见的代际数字鸿沟表现在老师和学生、父母和孩子之间。年轻一代与年长一代对新技术、新媒体的学习和适应能力的差异，以及对信息价值甄别能力的差异，即为代际数字鸿沟。

许多关于大众社会的研究数据表明，年龄对于数字鸿沟的影响不可忽视，年轻群体在新媒体使用频率、程度及新媒体知识上都领先于年长群体。在家庭中，亲子间在微信使用方面的数字代沟主要表现在以下几个方面：第一，子代更多使用与生活有关的功能，而亲代则局限在社交方面；第二，在信息选择上，亲代更倾向于选择新闻媒体类、身体健康类、心灵鸡汤类的信息，子代则更多选择娱乐、工作类的信息；第三，亲代年龄越大、子代教育程度越高、居住地发达程度越高的家庭，数字代沟越大，反之越小。移动社交软件可以促进亲子交流，但是，代际数字鸿沟往往会让亲子两代人之间的关系越发疏远[1]。

从聊天的救场神器——表情包中，我们可以很明显地看出中老年人和青少年之间的差异。比如老年人的表情包颜色都比较鲜艳，而年轻人的表情包则画面简单，比较有"内涵"。研究表明，随着年龄增大，感官衰退，视觉也会减弱，60—70岁的老年人

---

[1] 林枫,周裕琼,李博.同一个家庭不同的微信：大学生 VS 父母的数字代沟研究 [J]. 新闻大学,2017（3）: 99-106.

对颜色的辨别能力是青年人的 76%,80—90 岁的老年人对颜色的辨别能力是青年人的 56%。所以颜色鲜明的表情包便于老年人辨认;字号越大,越方便他们阅读和使用(见图 1-1)。

图 1-1

年轻人可以快速接受网络流行语,迅速理解其中的含义,但其父辈一代或许就很难理解这些流行语的含义。代际数字鸿沟几乎不可避免地存在于老一辈与年轻群体之间(见图 1-2)。尼

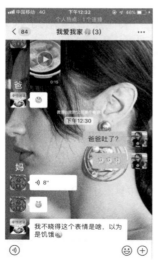

图 1-2

网络语言引起隔阂

葛洛庞帝在《数字化生存》一书中指出："有些人担心,社会将因此分裂为不同的阵营:信息富裕者和信息匮乏者、富人和穷人,以及第一世界和第三世界。但真正的文化差距其实会出现在世代之间。"当下最显著的表现就是不同代际对表情包的差异化理解,常常闹出不少笑话。

(三)传播能力和表达方式上的差异

美国著名的传播学者梅罗维茨指出,电子媒介影响社会行为的原理并不是什么神秘的感官平衡,而是我们表演的社会舞台的重新组合,以及所带来的我们对"恰当行为"认识的变化[1]。互联网和新媒体为人们构建了新的情境,而新的情境又促使人们产生了新的行为。不同的人群习惯于不同的社会生活方式,包括思维方式、交往方式、表达方式等,这也是某种意义上的不平等。

尽管现在人们可以通过各种方式接入互联网,但收入差距导致不同的用户选择不同的接入方式,网速也大相径庭。不同的家庭教育也导致不同的用户习惯,用户使用网络的行为存在着巨大的差异。

"数字土著"能够熟练运用在线交流工具,在更广阔的世界中交友、学习和讨论。他们使用诸如 Facebook、新浪微博等社会化媒体,进行更加便利、简单和及时的交流,在数字技术的浪潮中受益颇多。而"数字移民"具有与"数字土著"明显不同的社交和学习方式,他们有时会对数字技术的使用和冲击产生恐惧感,高速

---

[1] [美]约书亚·梅罗维茨.消失的地域:电子媒介对社会行为的影响[M].肖志军,译.北京:清华大学出版社,2002:4.

发展的技术并不能带给他们强烈的新鲜感,甚至会使其陷入紧张之中。久而久之,两者的社会生活方式和思考问题、表达情感的方式都会产生较大的差异。这必然会导致各种各样的伦理危机。另外还有公平危机,只要数字鸿沟存在,就不可能有绝对的公平:掌握和运用网络技术的能力差异必然导致个体之间的不公平;基础设施普及程度的不同必然导致区域之间的不公平。数据孤岛和数据割据的存在,也极易引发社会矛盾,使信息差别成为继城乡差别、地区差别、脑体差别之后的第四大差别。

（四）全球信息经济发展失衡

任何事物都具有两面性,数字化本身也是一柄双刃剑。

资料链接

　　"数字土著"指伴随着网络和手机等数字技术成长起来的人。不同的经历促成不同的大脑认知结构。当今的学生,由于生活环境（数字化世界）和生活方式与上一代不同,他们的思维模式已经发生根本改变,他们是"数字土著"的一代,而他们的教育者则是"数字移民"。

　　"数字移民"必须经历较为艰难的数字科技学习过程。他们好像现实世界中新到一地的人,必须想出各种办法来适应面前的崭新的数字化环境。当今教育面临的一个最大的问题,就是作为"数字移民"的教育者,说着过时的语言（前数字化时代语言）,正吃力地教着说全新语言的人群。

20世纪末期,人类进入数字化时代,数字化在给人类带来无限繁荣的同时,也造成了不同人群、国家之间的数字鸿沟。目前,存在于发达国家与发展中国家之间的数字鸿沟,即南北数字鸿沟,尤为深远。

1950—1975年,发展中国家人均国民生产总值从160美元上升到375美元,同期发达资本主义国家却从2378美元上升到5238美元。1990年,发展中国家人口占世界总人口的76%,收入却只占20%;发展中国家中,108个中低收入国家的人均国民生产总值为1090美元,而发达国家中,24个高收入国家的人均国民生产总值高达23420美元,两者相差22330美元。21世纪初,在世界60亿人口中,有28亿人每天仅靠不足2美元来维持生计,其中,有12亿人每天仅靠不足1美元生活。南北贫富差距悬殊是当今世界经济的显著特征之一。

目前,大多数互联网用户来自欧美国家、日本及韩国等地。因互联网相关设备成本较高,很多亚非拉国家在相关基础设施上投资不足,导致这些地区信息经济的发展水平较低。发展中国家和发达国家之间的数字鸿沟,进一步引发全球范围内的信息经济发展失衡。

(五)影响民主

互联网在一定程度上可以实现公众与政府之间的良性互动。一方面,公众可以通过互联网合理表达诉求,积极参与政府决策以及公共管理活动,监督政府履行职能,改进政府工作。另一方面,电子政务能帮助政府提高与公众沟通的效率,了解民意、集中民智,增强决策的民主性和科学性,切实做到权为民所用。

数字鸿沟使不同群体在获取信息、理解信息上存在差距,在政治方面则表现为不同群体之间政治知识上的差距。对政治相关信息的获取、理解和运用,会直接影响人们的政治素养。各个高科技国家的政府所面临的一种潜在的可怕威胁来自国民分裂为信息富有者和信息贫困者两部分……这条大峡谷一样深的信息鸿沟最终会威胁到民主[1]。

美国皮尤研究中心发起了一项关于互联网对政治生活的影响调查,调查结果显示,参与互联网政治的人比参与一般政治的人有更好的预测力。对互联网使用较多的人拥有更多的政治信息,网络政治参与度也更高。

---

[1] [美]阿尔文·托夫勒.力量转移:临近 21 世纪时的知识、财富和暴力[M].刘炳章,等译.北京:新华出版社.1996:195.

第三节 信息社会的数字机遇

你知道吗？

生活在数字社会中，地域、代际仍然在影响着人们接触信息的渠道和表现形式，但在这个充满变数的信息化社会中，也有无数的机遇等待我们去发现和挖掘，这些变化与我们每个人息息相关。全自助的天猫无人超市、方便快捷的农村淘宝、如火如荼的直播带货……技术驱动下的产品和内容正在悄无声息地为数字鸿沟两侧的人们搭起桥梁，这或许正是互联网协作、共享理念的意义所在。

一、信息社会数字机遇的产生

随着数字鸿沟日益渗透到我们的政治、经济和日常生活中，信息时代凸显出来的社会问题越来越多。但历史告诉我们，新的技术带来新的社会分层的同时，也会带来新的社会机遇。

世界经济论坛组织发表了一篇题为《从全球数字鸿沟到全球数字机遇》的报告，指出我们应该将注意力集中于全球数字机遇，促使发展中国家抓住机遇,这是其所面临的前所未有的发展机会。

习近平总书记在致首届数字中国建设峰会的贺信中写道:"加快数字中国建设,就是要适应我国发展新的历史方位,全面贯彻新发展理念,以信息化培育新动能,用新动能推动新发展,以新发展创造新辉煌。"

事实上,许多发展中国家已经从中获益。例如,小地方和个人企业家通过互联网向国内外销售当地的农产品与其他小商品;20世纪末期,通信技术和网络技术的飞跃使得全球资源共享成为可能,比如现在的电子图书馆,依托全球宽带信息网络的成熟技术手段,提供全国乃至全球信息资源。

二、信息社会数字机遇的发展

从20世纪40年代第一台电子计算机出现,到20世纪80年代之前,计算机的应用仅限于国防、气象和科学探索等领域,主要原因就是当时计算机价格昂贵、体积巨大且能耗较大。后来,随着技术的不断更新,计算机开始大规模普及应用,我们迎来了第一次信息化浪潮。

第一次信息化浪潮主要以单机应用为主,在这一时期,计算机首先被应用到办公领域,数字化办公系统取代了纯手工处理,人类第一次体会到信息化带来的巨大改变。

20世纪90年代,第二次信息化浪潮开始,这一阶段以互联网应用为主。90 年代中期，美国提出"信息高速公路"建设计划，互联网开始被大规模商用。利用计算机工作的人们，通过互联网实现了高效连接，空间上的距离不再成为制约沟通和协作的障碍，业务流程和资源配置得到优化，工作效率和产品及服务的质量得以提高。

另一方面，越来越多的人通过互联网结识好友、交流情感、表达自我、学习娱乐，网络用户开始呈现一种数字化生存的状态，每

资料链接

"信息高速公路"（Information Highway）指的是高速度、大容量、多媒体的信息传输网络。1992 年，当时的参议员、前任美国副总统阿尔·戈尔提出美国信息高速公路法案。1993 年 9 月，美国政府宣布实施一项新的高科技计划——"国家信息基础设施"（National Information Infrastructure，简称 NII），旨在以因特网为雏形，兴建信息时代的高速公路——"信息高速公路"。计划用 20 年时间，耗资 2000 亿—4000 亿美元，以建设美国国家信息基础设施，作为美国发展政策的重点和产业发展的基础。倡议者认为，它将永远改变人们的生活、工作和相互沟通的方式，产生比工业革命更为深刻的影响。而将 NII 寓意为信息高速公路，更令人联想到 20 世纪前期欧美国家兴起的高速公路建设在振兴经济中的巨大作用和战略意义。

个人都有一张属于自己的数字名片。可以说,互联网快速发展及延伸,在信息爆炸的同时,提升了数据的流通速率。

三、信息社会数字机遇的影响

(一)技术创新和商业创新的结合

人类的技术创新和商业创新在互动中结合。如简单视觉计算的发展,使人脸识别数字技术进入商用阶段。2017 年 12 月 3 日,天猫无人超市亮相,在超市的货架上摆放着 1300 多件商品,以科技、文创产品、食品几个大类为主。天猫无人超市用技术来优化消费者的购物体验:首先,通过图像识别技术,快速对消费者进行面部特征识别、身份审核,消费者刷脸进店;其次,通过物品识别和追踪技术,结合面部特征和行为识别,判断消费者的结算意图;最后,消费者经过智能闸门,完成“无感支付”。每一个商品都运用 RFID 技术,生成了独特的识别代码,客人拿着商品离开时,就会触动购物通道口的识别设备,即时进行核算、支付。从进入超市、选购商品,到离开超市,除入场需要用手机淘宝 App 扫码之外,不需要再进行任何操作。

在天猫无人超市,还有一个情绪营销“Happy 购”展台。这个展台很有意思,如它正在出售一个标价为 153 元的天猫毛绒玩偶,完成“微笑任务”—— 对着展台下方的仪器微笑,最多可以获得 50 元折扣。“Happy 购”系统会判断你对商品的喜好程度,你表现得越喜欢,折扣力度就越大。所以无人超市并不只是刷脸,还包括通过数字化的人流、商品流,在零售场景中实现更多"化学反应"。

美国的亚马逊也在线下建立无人超市,同样地,他们的无人超市也加入了很多科技元素,让顾客不必因为店员不耐烦的态度而气愤不已,在购物的同时还可以玩一些黑科技,打破传统购物方式,让逛街变得更加有趣。亚马逊借助 Amazon Go 的摄像头,让科技产品代替售货员招待顾客,知道哪个货架需要补货,哪个顾客有问题需要解决,还可以智能防盗。这些强大的黑科技正在不断改变我们的生活。

此外,技术和商业的创新也为乡村产业振兴提供了新型电子商务平台。从早期政府资助扶持的农商网,到各种农产品电子商务平台,阿里巴巴、京东、苏宁等各大电商集中发力,带动了农村电子商务的发展。近几年,中国农村电子商务交易量增长超过50%,增速非常快。2019 年,全国电子商务交易总额达 34.81 万亿元,农产品电子商务交易额达到 8000 亿元,农产品电子商务无疑成了农产品交易的最重要平台之一。

在脱贫攻坚的问题上,农村电子商务也起到了非常重要的作用。从 2003 年到 2013 年,网商规模从万级到十万级,甚至到百万级,全国各地不断涌现出"淘宝村"及"淘宝县"。阿里数据显示,2019 年,832 个贫困县域在阿里电商平台网络销售额达 974亿,培育出了巴楚留香瓜、奉节脐橙等多款"网红"农产品。2019

年4月,云南与阿里巴巴集团合作,建成34个县级农村淘宝服务中心、1490个村级服务站,覆盖近3000个行政村;与京东集团合作,在9个州市开设农特产馆,建成53个县级农村电商服务中心、84家京东帮服务店,覆盖4200余个行政村。

(二)有助于打造诚信社会

说到数字经济,大家第一时间就会想到微信和支付宝这两款应用软件,这两款软件是目前国内用户量最多的移动支付平台。支付宝中有个芝麻信用分。每个人都有一个属于自己的芝麻信用分,根据分数分为不同的等级,等级越高,享受的福利就越多。

如果你喜欢出国旅游,那申请签证是逃不开的一件事情。随着支付宝的用户数量不断增长,支付宝平台跟许多国家达成了合作,只要芝麻信用分达到700分,就可以直接在支付宝申请这些国家的信用签证,这样一来就省掉了很多不必要的流程,为出国提供了很大的便利。

芝麻信用分在700分以上的用户,可以申请2000—10000元的借呗额度;喜欢用花呗的小伙伴还可以免息分期;使用共享单车时,如果你的信用分达到一定要求,就可以免押金。一些汽车租赁企业也为芝麻信用分在700分以上的用户提供免押金租车服务。汽车和自行车不同,汽车的押金可能要上千块乃至更高,这些就相当于支付宝免费借给我们的。

用户的数据被累积成了信用,而这一信用在社会经济活动中产生了良性互动反应。数字经济的核心是每个商业行为,数字经济的发展有利于打造诚信社会,无论是从商者还是用户、消费者,每个人的消费行为都留下了数据的痕迹,并且这个数据的痕迹在一个更大的范围内被使用、被推动。

(三)促进社会的协作与共振

数字经济的发展是互惠前提下合作的产物。比如淘宝的"双十一"活动,每一次"双十一"都是一个社会大协作的产物。"双十一"成交额激增的十几年,也是社会人口结构、消费理念和生活方式激变的十几年。

如今九成的交易通过手机进行。人们半夜躺在床上,看着"双十一"晚会,刷着手机就完成了购物。这种消费模式是一个巨大的进步,因为它符合年轻人的消费需求。阿里敏锐地洞察到了年轻人对直播的兴趣,根据消费群体的改变来改变自己的商业行为,之前是把实体货架变成虚拟货架,现在用直播把自己变成货架。网红店不再靠货架来卖东西,而是靠在直播中表演,与观众互动来卖东西。

十几年来,天猫"双十一"更成为一种社会现象。它对消费者来说是节日,对阿里来说是年度大考和检阅,对商家来说是商业的奥林匹克,对"双十一"本身而言,每一年都是新的"双十一"。阿里巴巴集团CEO张勇在"2018看中国"论坛的夜谈活动中提到,如果十年之后"双十一"还是这样,"双十一"一定错了。就像未来十年,互联网也会发生很多变化。

阿里巴巴商业操作系统为品牌和商家的数字化转型提供了

阵地。星巴克、雅诗兰黛、耐克、H&M、梅西百货和欧舒丹等品牌,都在公司的财报和分析师会议上多次提及与天猫的合作,它们因阿里巴巴在中国实现销量暴涨,并在阿里生态上进行数字化转型,这成为它们自身在商业模式上进行创新探索的最佳范例。

"双十一"已经从线上发展到了线下商业资源的大协作,从中国发展到了全球商业资源的大协作。社会大协作、社会大共振自发产生,是数字经济充分发展的一个体现。

（四）为弱势群体创造数字红利

在肯尼亚,使用数字支付系统 M-Pesa 后,在城市打工的人给农村家人汇款的费用比从前降低了 90%;在印度,Aadhar Card 数字身份系统惠及 10 亿多人,政府每年开支节省达数十亿美元;在爱沙尼亚,人们通过手机就可以享受 3000 多种政府和私人服务……一种跨越国界的共识正在形成:机会平等是其他一切平等的基础和前提,随着互联网技术的广泛普及、应用,这种平等正在形成。发展互联网、推广数字成果,最终目的就是惠及全人类。

党的十九大报告提出推动构建人类命运共同体。实际上,网络空间是现实世界的映照,互联网的数字世界同样是一个共同体,这正是历届互联网大会反复提及"网络空间命运共同体"的深意所在。缩小数字鸿沟的一项基础性工作,应是互联网基础设施的全球普及,尤其是在贫困落后地区的广泛推广。实践证明,互联网为贫困人口增收、脱贫开辟了新途径、新渠道,成为贫困地区弯道超车的新引擎。

从湖南卫视的《快乐大本营》《亲爱的客栈2》到东方卫视的《我们在行动》，一段时间以来，综艺节目纷纷充当起连接贫困地区与消费者的纽带，展现出综艺节目在公益方面的积极作用。湖南卫视的《快乐大本营》将大量观众转换为农产品消费者，还吸引了各方力量来帮助贫困地区解决销售平台、包装、物流等各个环节的问题，助力产业发展和精准扶贫，助力贫困地区农特产的销售，聚焦一家一户、一村一特产，帮助贫困村民建立可持续的内在"造血机制"。

今天我们提出了属于现代社会的新四大发明——高铁、扫码支付、共享单车、网购。在数字经济领域的创新上，中国已经走在了全球前列，而中国年轻一代的用户对数字化生活的拥抱和习惯程度也已走在全球前列。当国外还在使用信用卡时，中国已经开始使用数字钱包，并且在不远的未来，每个人的脸、身体都是钱包。这是中国巨大的机会，也促使中国的互联网企业建成更多的中国方案，不仅受惠于中国的经济发展，更借此走向全球。

（五）迅速缩小城乡间的数字鸿沟

我国地域广阔，传统社会中，城市与乡村之间信息流动缓慢。进入信息社会以后，互联网的普及逐渐缩小了城乡间的数字鸿沟，为乡村发展提供了前所未有的支撑和条件。2020年9月发布的第46次《中国互联网络发展状况统计报告》显示，我国互联网普及率为67.0%，农村网民规模为2.85亿，占比为30.4%，较2020年3月增长3063万。

　　我国积极推动"数字乡村"建设,使得传统社会因空间阻隔带来的信息封闭、教育滞后等发展困境,在今天都相对较好地得到解决。边远乡村可以通过教育信息化设施"智慧课堂"获得发达地区的优质教育资源。信息化服务的普及、公共信息服务水平的提高、网络扶贫的开展,让广大乡村居民实实在在地享受到了互联网的发展成果。

第二章

数字鸿沟

　　人是组成社会的基本单位。人群的聚合有多种形态,可以是家庭、社区、城市、国家,也可以是世代、职业共同体、文化族群。一道数字鸿沟间隔开的并非固定不变的此岸和彼岸,而是不同维度下的人群聚合模式。

　　发达国家与发展中国家,东方文化与西方文化,城市与农村,老一代与新一代,不同的职业、年龄、文化差异划下了一道道数字鸿沟。在信息社会,人们被区隔的不仅是对信息设备和工具的接近能力,更是当他们面对浩瀚如烟海的信息资源时,所展现的使用、理解和判断能力。

第一节 全球数字鸿沟

💡 你知道吗？

此时此刻，生活在同一片蓝天下的我们，接收的信息、生活的差距究竟有多大呢？如果是 25 年前，在雅虎公司上市时，中国才刚刚接入互联网不久，正在大雾中寻找出口；如果是 5 年前，当复联系列电影在国内场场爆满时，国产电影在海外引发热议的却寥寥无几。即便"全球化""地球村"等词早已深入人心，但南北地区发展差异和东西文化差异仍然存在。全球数字鸿沟的弥合，是我们每一个人努力的目标和方向。

一、经济发展与南北数字鸿沟

数字鸿沟是我们所处的信息时代产生的新问题，它既存在于不同学历、文化和年龄群体之间，从更大层面而言，也存在于不同国家之间。南北数字鸿沟，也就是普遍存在于发达国家和发展中国家之间的数字鸿沟，更应该引起我们的注意。

　　南北数字鸿沟是全球贫富差距导致的结果之一,同样,数字鸿沟也会反过来影响国家和地区的经济发展。发达国家利用互联网进行通信,处理事务,提高生产效率,降低营销成本,推动投资、消费、国际贸易的迅速扩张。信息产业与经济增长关系密切。以美国为例,从 20 世纪 70 年代到 80 年代再到 90 年代,美国信息产业的产值占整个经济份额的比重不断上升,从 4% 上升到 14% 再上升到超过 25%。

　　发达的通信技术不仅影响国家和地区的经济发展,还与军事等领域的发展密切相关。2003 年,美国对伊拉克采取大规模的军事打击。在这场战争中,美军以多种高科技信息手段为保障,在战争中占有极大优势。美军高效的数字信息处理技术能够快速分析战场形势,并报告给作战中心的指挥官,使其做出即时反应。另外,美军的快速战术图像系统能实时进行信息传输,即时提取和修改目标数据。美军在全方位、立体化的海陆空信息网络的加持下,开辟了现代战争的先例。

　　南北数字鸿沟有以下主要表现:

　　首先,少数发达国家在信息资源等很多方面占有优势地位,如网络信息资源、技术水平和信息管理水平。这是发达国家和发展中国家之间数字鸿沟的一个重要表现。

　　美国有 3 亿多人口,拥有约 16 亿个 IP 地址,占已分配地址的 44%,平均每个美国人拥有超过 5 个 IP 地址。相比之下,亚洲国家占全球人口的 60%,分配的 IP 地址数却严重不足。1998 年 6 月,美国政府发布《互联网名称和地址管理》（又称"白皮书"）政策文书。在"白皮书"中,美国政府明确指出,DNS 管理不应置于国家主权或者国际组织下,美国致力于将 DNS 管理置于私营部门,主权国家仅在管理国家级顶级域名（ccTLD）方面拥有权威。但是美国政府却又宣布成立新的 DNS 管理机构 —— 互联网名称与数字地址分配机构（ICANN）,并表示在这个机构稳定之前,将由美

资料链接

DNS（Domain Name System,域名系统）,因特网上作为域名和 IP 地址相互映射的一个分布式数据库,能够使用户更方便地访问互联网,而不用去记能被机器直接读取的 IP 数串。通过主机名,最终得到该主机名对应 IP 地址的过程,叫域名解析。

国对其进行技术监管,这样的监管将最短持续 5 年左右,但实际上,监管持续了 18 年,直到 2016 年 9 月 30 日才结束。这在一定程度上制约了其他国家尤其是发展中国家的网络技术发展。

　　另外,美国凭借其长期积累的技术优势,在世界各地加速垄断全球核心信息技术,包括硬件和软件的研发、生产。思科、英特尔、IBM、微软等一批巨头基本控制了全球网络信息产业链,又凭借其巨大的资本优势在全球范围内进行收购。

　　1996 年,北京中关村路口的一个广告牌引起了人们的注意。"中国人离信息高速公路还有多远? 向北 1500 米",这块牌子指

向的地点是瀛海威公司。瀛海威最初希望成为中国首批互联网接入商,但是在 1997 年我国全媒体通信网启动后,瀛海威因业务经营不善,开始向金融服务方向转型。这时,新兴的网易、搜狐等网站也对瀛海威形成了挑战。瀛海威创始人张树新被媒体描述为在这场大雾中领跑的人,而在 1999 年,张树新在这场赛跑中出局。在之后的几年中,瀛海威由于企业战略和经营问题一直举步不前,逐渐淡出了人们的视线。随后中国互联网寒冬开始,挺过这段艰难时期的新浪、搜狐和网易成为中国三大门户网站,迎来了中国互联网的第二次浪潮。新闻门户、电子商务、分类信息等网络应用全面繁荣,刚刚兴起的互联网娱乐产业也创造了一个又一个新的神话。

而在当时的美国,互联网的市场环境却大不相同。从 1996 年到 1998 年,美国互联网公司飞速发展,资本市场对互联网企业的投入也居高不下。瀛海威在大雾中奔跑的这段时间,美国几乎每家互联网公司的股价都翻了两番,收益远高于其他非互联网企业。美国的纳斯达克指数在 2000 年 3 月中旬达到峰值 5048 点。美国互联网发展在早期就走在全球的前列,并在资本市场上获得了极大认可。

其次,在信息接入和使用方面,发达国家和发展中国家之间也存在着明显的差距。这样的数字鸿沟,根源还在于南北之间的经济差距。落后的发展中国家和地区,与作为信息技术主要生产者和消费者的发达国家相比,在信息技术运用方面存在许多不足。这是发展中国家长期缺乏运用信息技术的能力导致的。

国际电信联盟发布的《2017 年衡量信息社会报告》显示，对世界上 176 个经济体的国际电联信息通信技术发展指数（IDI）进行测评后，对比 2016 年，几乎所有国家在信息通信技术（ICT）的接入和使用方面都有进步。但是另外一个非常明显的对比是：数字技术发达国家和欠发达国家间的信息通信技术发展水平存在较大的差距。经济发展与国家信息通信技术的发展有较强对应关系，在国家信息通信技术排名最低的 40 多个国家中，有 37 个是最不发达国家。

再次，在网络社会治理能力方面，发达国家与发展中国家也存在很大差距。近年来，互联网中的计算机病毒、网络虚假信息等问题日渐突出。传统网络的边界愈加模糊，新型网络攻击方式日益猖獗，网络安全、网络冲突甚至对国家安全构成威胁。在这样的情况下，不少国家都开始加强网络治理，形成较完备的网络治理体系，避免网络冲突威胁国家和政权的稳定。

以欧盟为例，其在 2001 年就出台了第一个打击网络犯罪的法律——《布达佩斯网络犯罪公约》；2013 年欧盟委员会通过《欧盟网络安全战略》，重点发展网络防御能力和相关技术；2016 年 7 月，欧盟正式通过首部综合性的网络安全法《网络与信息系统安全指令》，该法规定各国要尽快制定国家层面的网络信息安全战略。

因此，数字鸿沟的劣势一方，尤其是广大的发展中国家和地区,应该主动加快信息技术发展,努力缩小国内外数字鸿沟,否则其经济发展、国家安全等多个方面都会陷入被动状态。

二、东西方文化间的数字鸿沟

新时代出现了一种"文化殖民主义",指文化随着全球化遍及世界,更多表现为精神和治理的双重殖民。这种无形的殖民主义已经渗透我们生活的各个方面,且很难被发现或察觉。

20世纪80年代以来,好莱坞电影凭借其强大的技术优势、明星阵容在我国得到广泛传播。美国将好莱坞电影作为一种文化传播载体,利用其实现文化出口和文化影响的目的。好莱坞电影通过塑造"美国梦",将美国的主流文化、价值观念进行跨国和跨文化传播,并在这过程中不断加强其文化强国形象。

而在中国创下56.8亿人民币票房纪录的电影《战狼2》,在美国市场上映之后,排片一共只有53场,总票房也仅20余万美元。这样的国产票房冠军电影在海外市场遇冷有多种原因。从内容上看,《战狼2》是以战争视角叙述的军事题材电影,而国外已经有较多成熟的战争题材影片。另外,由于中西方文化交流壁垒和缺乏对海外电影市场的分析与定位判断,《战狼2》在北美市场上映前没有进行完整营销宣传,这也是《战狼2》在北美上映遇冷的重要原因之一。

2018年,意大利奢侈品牌D&G(杜嘉班纳)因创始人在社交软件辱华,并且在其拍摄的《起筷吃饭》的广告中,出现亚裔面孔模特怪异的动作和旁白别扭的发音,被质疑丑化中国传统文化。事件发生后,该品牌上海时装秀被取消,天猫、唯品会等电商平台下架与 D&G 相关的产品。2018 年 11 月 23 日, D&G 官方发布道歉视频,该公司创始人用中文道歉并表示会更加理解及尊重中国文化。在此次事件中,多数网民都表达了对该品牌的失望,也有人发出更深层次的声音 —— 我们需要追求与国家地位相符的话语地位。

2016 年的"帝吧出征"事件也是跨文化传播中的典型事件。这里的"帝吧"指我国足球运动员李毅的贴吧,"帝吧出征"指李毅贴吧的网友们针对当下社会各类现象和实践,自发通过表情包、留言评论等方式在网站表达观点并刷屏。2016 年,一网友在微博上发文,称自己乘坐维珍航空从伦敦飞往上海时,遭到一名白人男性乘客的无端辱骂,他不仅骂这名网友为"中国猪",还威胁其人身安全。该网友求助维珍航空的工作人员,但是那名工作人员不仅没有帮助她,还威胁她,要将她赶下飞机。其他同机的乘客也站出来证明了这个事情。这一事件被多家中国主流媒体报道后,维珍航空仍然拒绝承认自己员工负有责任。因此帝吧网友们"出征"维珍航空 Facebook 主页和维珍航空创始人理查德·布兰森的个人 Twitter。其在社交媒体上的庞大舆论攻势引起大量网友的转发和评论,使得事件得以在外网成功发酵和传播,英国主流媒体也开始关注中国网友发起的这场声势浩大的

"出征"。

在这个事件当中,主要价值观分歧在于种族歧视。通过"帝吧出征",我国与西方主要发达国家的民众之间进行了价值观的讨论。这样由普通网友主动出击,在西方主流社交媒体上进行交际的方式,突破了长期通过官方渠道进行对话的常规,也是一种价值观输出模式。我国媒体也给予声援和肯定,但是普通网友发声时还是需要更科学、更合规和更合情理的表达方式。

东西方在文化上的差异,是两地经济社会发展的不同历史造成的,而这种文化差异伴随着信息技术的发展,又反过来影响着经济和社会活动的开展。"帝吧出征""D&G辱华"等跨文化事件,在特定文化背景和事件情境下,由于跨文化群体之间的价值取向和语言规范不同,更容易在跨文化交流过程中产生误解、对立甚至冲突。

目前我国对外的跨文化交流活动,在文艺、商业、科研等多个层面展开。互联网社交媒体的兴盛,更拓宽了各国间的文化交流途径,给大众提供了别具一格的生活方式体验。这都为不同文化的融合提供了平台。但是需要注意的是,在数字媒体环境中进行看似自由的信息交流时,强势信息并不考虑接受者的文化需要和实际情况,使得原本双方平等的相互交流与沟通变成了一方传输、另一方吸纳的现状。这实际上为文化霸权提供了基础,也使得文化传播变成了资本权力的博弈工具。数字媒体时代的跨文化传播,应该秉持合作与理解的原则,兼顾不同文化间平等交流的需要,在自己民族和文化身份的立场上,通过聆听其他文化的声音,促进相互理解和认识,调整自己从被动卷入到主动参与的跨文化传播姿态,不断融入世界,建立共通的语境。

三、全球化进程下我国数字鸿沟现状

在参与全球化进程中,我国的信息技术发展与世界其他国家尤其是发达国家存在着较大的数字鸿沟。这主要是由于我国经济发展、教育水平与发达国家有一定差距,信息基础设施不够完善。经过近些年的发展,我国拥有了覆盖全国、技术领先的国家电信网络,与发达国家间的数字鸿沟也在不断缩小。

第 46 次《中国互联网络发展状况统计报告》显示,截至 2020 年 6 月,我国网民规模达到 9.4 亿,互联网普及率达 67.0%,其中 9.32 亿网民为手机用户,占 99.2%。我国 IPv6 地址数量为 50903 块 /32,较 2019 年底增长 2.8%。网民上网速度更快,跨境漫游通话质量更佳,网络质量更优。同时,在

资料链接

　　IPv6 是指互联网协议第六版。由于 IPv4 存在网络地址资源局限,制约了互联网的应用和发展,IPv6 应运而生。它可以为全世界的每一粒沙子都编上一个地址,不仅能解决网络地址资源数量有限的问题,还解决了多种接入设备连入互联网的障碍。

2020 年上半年,我国的网站数、移动互联网接入流量和 App 数量均实现了显著增长。

在信息基础设施方面,2020 年上半年,作为"新基建"的重要领域,5G 网络建设速度和规模超出预期。5G 牌照发放一年来,我国 5G 发展取得积极进展。数据显示,在网络建设方面,每周平均新建开通 5G 基站超过 1.5 万个,截至 2020 年 6 月底,5G 终端连接数已超过 6600 万,三家基础电信企业在全国已建设开通 5G 基站超 40 万个。在"新基建"提速的大背景下,发展基于 IPv6 的下一代互联网,将为 5G、数据中心等新型数字基础设施建设奠定坚实基础。一是 IPv6 规模部署工作再上新台阶。2020 年 3 月,工业和信息化部发布《关于开展 2020 年 IPv6 端到端贯通能力提升专项行动的通知》,要求到 2020 年末,IPv6 活跃连接数达到 11.5 亿,较 2019 年 8 亿连接数的目标提高 43.75%。截至 2020 年 7 月,我国已分配 IPv6 地址用户数达 14.42 亿,IPv6 活跃用户数达 3.62 亿;排名前 100 位的商用网站及应用已经全部支持 IPv6 访问。随着用户量的增长,IPv6 流量也大幅增长。截至 2020 年 7 月,中国电信、中国移动、中国联通 LTE 核心网总流量达 4372.06Gbps,IPv6 流入流量平均占比达 10.25%。二是域名等基础资源整体情况持续优化,技术更新升级不断加快。截至 2020 年 6 月,我国"CN"域名数量为 2304 万个,较 2019 年底增长 2.8%,继续保持国家和地区顶级域名数全球第一。在域名系统部署方面,我国先后引入 F、I、L、J、K 根镜像服务器,提升我国网民访问域名根服务器的效率,增强互联网域名系统的抗攻击能力,降低国际链路故障对我国互联网安全的影响。

在数字政府建设方面,国家政务服务平台建设成效凸显。全国一体化政务服务平台加速打造政务服务"一张网",不断提升数字政府的服务能力。自上线试运行一年以来,全国一体化政务服务平台与 31 个省(区、市)及新疆生产建设兵团和 40 余个国务院部门连接,初步实现 360 多万项政务服务事项和 1000 多项高频热点办事服务。网上政务服务水平持续提升。数据显示,2020年,我国电子政务发展排名比 2018 年提升了 20 位,特别是作为衡量国家电子政务发展水平核心指标的在线服务指数排名大幅提升至全球第 9 位。此外,政务服务覆盖范围全面拓展。当前,31 个省级政府已构建覆盖省、市、县三级以上的政务服务平台,其中 21 个地区已实现省、市、县、乡、村服务五级覆盖,政务服务"村村通"覆盖范围持续扩大,初步形成"横到边、纵到底"的"覆盖城乡、上下联动、层级清晰"的五级网上服务体系。政务信息资源共享深入推进。全国一体化数据共享交换平台建成,一体化的数据共享响应机制日趋完善。"一次注册,全网通行"全面推行,网上办事重复注册问题得到初步破解。支撑疫情防控常态化作用明显。国家政务服务平台上线"防疫健康信息码",并与各地"健康码"对接,支撑全国绝大部分地区实现"一码通行"。"一网办""在线评"等"无接触""一站式"服务为小微企业和个体工商户服务、复工复产提供了强有力的支撑。

2020 年 9 月，贝尔弗科学与国际事务中心发布《2020 年国家网络能力指数》报告。该报告详细介绍了国家网络能力指数（NCPI）的定义、组成部分以及计算公式，并在 7 个国家目标的背景下，利用 32 个意图指标和 27 个能力指标，对 30 个国家的网络能力进行了评估。根据 NCPI 的最终计算，美国、中国、英国位列全球网络能力指数的前三位。

第二节　城乡数字鸿沟

💡 你知道吗？

随着移动互联网时代的到来，移动通信工具的普及使得我们随时随地都处于联网状态，短视频更是以生动的画面、低门槛的操作、碎片化的形式占据着人们日常生活的间隙。通过快手，我们发现了一群"小镇青年"的喜怒哀乐，我们跟着渔民一起赶海，体验着农村的乡土人情；通过抖音，我们看到了城市里熙熙攘攘的人群与鳞次栉比的高楼，更发现了其中动人的烟火气息。诚然,城乡数字鸿沟仍然存在,但在技术迭代、市场发展的今天,它也在不断变迁。

一、城乡二元结构

城乡二元结构是城市经济和农村经济并存发展,并且存在差距的经济结构。一般的城市经济以社会化生产为主要特点,农村经济则以小生产为主要特点。我国的城乡二元结构主要表现为:城市与农村经济分别是以现代化的大工业生产为主和以小农经济为主并存发展;城市与农村在通信、市政、卫生等基础设施方面的差距;城市与农村在人均收入与消费方面的差距等。

城乡二元结构一般是随着时代和科技的进步不断发展而来的,在发展中,现代工业和传统农业自然形成了差距。而中国近代以来形成的城乡二元结构,不仅有市场发展、劳动分工等原因,还存在特殊的个体差异原因。

首先,在农业方面,数千年的小农经济的封闭性与稳定性,使得我国农业长期没有发生改变。在1840年之后的近110年中,我国城市和乡村在国外先进的工业文明与市场经济的冲击下开始分离,并且出现发展上的差距。第一次鸦片战争发生在1840年至1842年,英国政府以林则徐虎门销烟为借口,派出远征军侵华,这是中国近代史的开端。鸦片战争以中国失败、割地赔款告终,中英双方签订了中国历史上第一个不平等条约《南京条约》。

割地、赔款、商定关税,严重危害了中国主权,中国开始沦为半殖民地半封建社会,加速了中国自然经济的解体。

1840年鸦片战争以后,西方列强的商品和资本开始冲击中国古老的自然经济与农业文明,中国几千年来城乡差别较小的状况开始变化,城乡分离加速。两次鸦片战争、甲午战争都是外部力量对我国固有城乡关系的冲击和摧毁。日本在明治维新后选择了资本主义道路,并开始向外积极侵略扩张,还确定了以中国为中心的"大陆政策"。1894年丰岛海战爆发,甲午战争开始,清政府仓促应战。这场战争以北洋水师全军覆没告终,清政府被迫签订《马关条约》。甲午战争大大加深了中国的半殖民地程度,中国的国际地位急剧下降。随后,资产阶级发起了维新变法运动和民主革命运动。进入民

资料链接

小农经济是以家庭为单位、生产资料个体所有制为基础,完全或主要依靠自己劳动,满足自身消费为主的小规模农业经济。其有三个主要特点:分散性(以家庭为单位)、封闭性(农业和家庭手工业结合)、自足性(生产的主要目的是满足自家生活需要和纳税)。

小农经济是自然经济的一种类型,但小农经济并不完全等同于自然经济。小农经济强调以家庭为生产生活单位,而自然经济主要与商品经济相对。小农经济产生于春秋战国时期铁犁牛耕的背景下,而自然经济早在原始社会就产生了。

国之后,中国城乡关系进一步瓦解,中国农民受到外国资本和官僚资本的双重掠夺和剥削。由于城市手工业和轻工业的发展,我国城乡分离速度加快,并以地理位置为分隔,城市以发展工商业为主,农村则成为城市原材料、初级产品的加工地。随着交通运输条件的改善,城乡间的人口流动逐渐频繁,农村自然经济逐渐瓦解。

其次,在政策制度方面,我国产业结构不平衡的发展方式长期存在。1949—1978 年,计划经济固化了中国城乡差距。中华人民共和国成立后,国家为快速实现工业化,实施了农业合作化、统购统销等一系列城乡关系政策和制度。另外,我国长期以来存在的城乡户籍制度,以及城市和乡村在许多制度体系上的差别,例如劳动就业、社会保障、福利体恤等,都让城乡不同户籍人口在获得公共服务和社会保障方面存在较大差异。

改革开放后,我国采取了让一部分人先富起来的经济政策。1978 年,安徽凤阳小岗村的 18 户村民凭借着敢闯、敢试、敢为人先的"大包干"精神,在土地承包责任书上按下手印。村民们的辛苦劳作和敢为天下先的精神,拉开了中国改革开放的序幕,小岗村也成为"中国农村改革第一村",这也是我国农村发展史上浓墨重彩的一笔。但在向信息化社会发展的过程中,城市和农村之间又出现了一种新的差别 —— 城乡数字鸿沟。城乡数字鸿沟是工业时代以来城乡二元经济结构在信息化社会的延伸和发展。更重要的是,城市信息水平不断发展,而农村信息水平虽然也在发展中,但是与城市之间的差距却在不断拉大,日益扩大的城乡数字鸿沟使得我国二元经济转换面临更多的问题。

二、我国城乡数字鸿沟历史

我国的城乡数字鸿沟不仅拉大了城乡的社会经济差距,也对我国的城市化进程造成了影响。城乡之间的数字鸿沟使得城乡间通过信息网络的消费受到影响,城市的庞大资金和工业产品与农村的原材料之间很难通过中介信息平台进行自由流动,即:农村较难通过信息平台获得优质的产品,城市也难以通过平台获得农村的优质原材料。另外,城乡间的数字鸿沟也给城乡间生活信息的沟通造成了不便。以互联网为核心的生活方式在农村发展不佳,也影响了农村居民在网络文化、教育、娱乐生活等方面的发展,妨碍了城乡一体化。

造成我国城乡数字鸿沟的因素有以下几个。

（一）教育文化因素

教育文化水平决定着网民的网络技术意识和信息素养。一般来说,教育程度越高的人,网络技术意识越强,日常生活中也较容易使用网络技术工具解决问题。有学者曾经提出,在我们发展以知识为基础的新兴产业的过程中,人容易由于在获取、学习和交流知识等方面的能力差异,而产生"知识隔离",进而导致部分人被逐渐边缘化。一些难以理解先进知识与科技的群体,很难直接享受信息技术带给社会的成果,最终跟不上时代发展。

许多研究发现,受教育水平较高的人会更多地使用计算机和互联网络,而受教育水平较低的人,即使有条件接触和使用信息设备,但由于自身较低的文化素养和计算机基本技能的缺乏,仍然难以较好地利用信息设备,并且从中获益。改革开放后,由于经济发展等原因,我国城市和农村之间的劳动力不断流动,主要劳动力从农村流入城市,由此造成农村大量青壮年劳动力流出,而农村人口的年龄、性别、受教育水平等结构也在不断变化,使本来文化素质不高的农村居民群体呈现老龄化、低学历化等特征。

农村人口受教育水平较低,也使他们在接受新事物、获取知识、提高信息技能等方面遇到较大的困难,很难突破长期以来形成的意识束缚。另外,我国农村人口由于缺乏相应的资源与条件,利用资源进行观察、决策的能力较差,在面对较新的数字工具时难以操作和应用,并较难通过数字化网络提高自己的生产经营效率。

(二)经济因素

城乡间的数字鸿沟首先表现为是否拥有信息工具,而这主要由使用者的经济条件和资源决定。我国城乡居民在信息设备、工具等硬件资源条件上的差距,主要是城乡居民人均收入差距导致的。

城乡收入差距扩大,直接影响城乡居民的信息消费水平,具体表现在我国城乡居民每百户拥有计算机数量的较大差异。由于计算机成本较高，而大多数农民受经济条件的制约，很难购买计算机等信息工具，因此城乡居民间的经济鸿沟造成城乡之间信息技术环境的差距。经济鸿沟的存在和扩大使城乡间的数字鸿沟不断拉大。

20世纪90年代以后，由于地区经济发展不平衡，我国城乡居民间的人均收入差距一直存在。2019年中国统计年鉴数据显示，在2018年，我国城镇居民人均可支配收入为39250.8元，农村居民人均可支配收入为14617.0元。早期的信息设备往往价格昂贵，城市和农村居民收入的差距影响了城乡居民在信息工具设备上的资金投入。

随着互联网的不断发展，区域接入互联网络必然需要大量建设基础设施的资金投入，而基础设施的建设又与地区的经济发展水平和财政水平相关。对个人来说，接入互联网需要个人计算机设备和上网资费，而不论是计算机设备还是上网资费，都存在价格较高的实际情况。因此对落后地区和低收入人群来说，接触数字设备和媒体较为困难。

1999年9月，我国互联网发展早期，当时开通两个月左右的上海梦想家中文网举办了一场比赛。他们根据不同网龄、年龄段，在北上广三地通过网上投票的方式选出12人，给每人提供1500元的电子货币和现金，让其在陌生城市的一个封闭区域内，仅仅通过计算机和网络获得食品与日用品，以维持72小时的生存。主办方举办这场活动的目的是了解下一步中国在互联网上能得到什么。这次活动是一场中国网民网络使用情况的解密，也为公众真实展现了普通人在网络上的想法和做法。它是对中国网络生存环境的一次考验，也是对中国网络发展状况的一次检阅。

当时的中国，家用电脑拥有量为 150 万台。这次 72 小时网络生存测试，全国共有 5412 人报名，8877 人投票参加评选，数百万人关注活动进展。不少人在 72 小时内联系报社、电视台，询问如何上网等问题，掀起关注网络的热潮，而广大农村地区的人则在这场声势浩大的比赛中被忽略了。

2013 年 8 月，国务院发布《"宽带中国"战略及实施方案》，这个方案从战略上对我国宽带基础设施的快速健康发展做出引导和部署。方案提出了两个阶段性发展目标，即到 2015 年，基本实现城市光纤到楼入户、农村宽带进乡入村，固定宽带家庭普及率达到 50%，行政村通宽带比例达到 95%；到 2020 年，宽带网络全面覆盖城乡，固定宽带家庭普及率达到 70%，行政村通宽带比例超过 98%。这个方案从行政上提高了农村固定宽带的普及率。"宽带普及提速工程"也明确提出了要实施农村宽带入乡进村计划，从资金和政策上推动宽带在农村地区的普及。

三、我国城乡数字鸿沟现状

我国的城乡数字鸿沟，是指城市和乡村之间由于对信息工具的占有以及信息技术应用程度的不同所造成的信息贫富分化。对于城乡数字鸿沟，一方面可以通过信息工具的占有进行衡量，包括计算机、固定电话、移动电话、数字电视的使用率；另一方面可以通过信息技术的应用来衡量，例如移动互联网的普及率。

（一）城乡互联网普及覆盖率分析

第46次《中国互联网络发展状况统计报告》数据显示，截至2020年6月，我国城镇地区互联网普及率为76.4%，农村地区互联网普及率为52.3%。可以看出城市的互联网普及率远高于农村地区，这主要是由前文提到的城乡之间的收入差距和经济发展水平差异导致的。另外，统计报告还显示，城乡网民对互联网应用的下载和使用存在不同偏好。城乡网民在即时通信、网络娱乐（如网络音乐、网络视频）等应用软件上表现出来的差异比较小，而城市网民在电商网购、旅行、网上支付、理财软件等应用的下载和使用频率上要高于农村网民。

2015年5月13日，国务院总理李克强主持召开国务院常务会议，确定加快建设高速宽带网络，促进提速降费的措施。会议确定，鼓励我国电信企业提出提速降费的方案，实施宽带免费提速，使城市的平均宽带接入速率提升40%以上；推进光纤到户和宽带乡村工程，加快全光纤网络城市和第四代移动通信网建设。提速降费计划和宽带乡村工程改善了之前宽带费用居高不下的情况，减轻了收入不高的农村家庭的宽带业务消费负担。

（二）中国网民规模和城乡网民规模

第 46 次《中国互联网络发展状况统计报告》数据显示，截至2020 年 6 月，我国农村网民规模为 2.85 亿，占全体网民的 30.4%，较 2020 年 3 月增加 3063 万人；城镇网民规模为 6.54 亿，占比达69.6%，较 2020 年 3 月增长 562 万。可以看到，我国城市和农村网民规模均在不断扩大，其中城镇网民占总体网民的比例仍远高于农村网民（见图 2-1）。

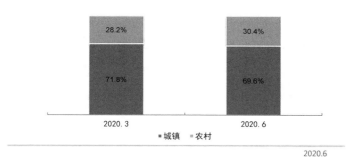

2020.6

图 2-1　中国网民城乡结构

随着我国城市化进程的加快，城镇人口不断增加，我国的城乡网民结构也受到城市化的影响，发生了变化。截至 2020 年6 月，我国非网民规模为 4.63 亿，其中城镇地区非网民占比为43.8%，农村地区非网民占比为 56.2%，农村人口是非网民的主要组成部分。文化水平较低和缺乏一定的网络操作技能是目前限制非网民使用互联网的主要原因。有调查数据表明，由于缺乏上网技能而制约非网民上网的占比达到了 48.9%；由于文化水平限制导致非网民不使用互联网的比重达到了 18.2%；另外一个限制非网民使用互联网的因素是年龄，因为年龄太大或太小不能使用互联网的非网民占 12.9%；由于无兴趣或没时间上网等不上网的非网民占比低于 10%；其他因素如缺乏上网设备等造成非网民不使用互联网的比例为 14.8%。

2019 年中国统计年鉴数据显示，2018 年我国城镇居民平均每百户拥有计算机 73.1 台，而农村居民平均每百户拥有计算机 26.9 台。中国城乡居民由于经济等方面的差距，拥有的计算机数量也有较明显差距。

2019 年中国信息年鉴表明，在农村基础信息设施与环境上，国家继续深入实施村村通工程，加快宽带普及，农村基础信息设施进一步优化完善。2018 年，我国行政村通宽带比例达到 98%，农村家庭宽带基本达到每秒 4 兆比特；农村宽带接入用户为 11741.7 万户，比上年增加 2364.4 万户，同比增加 25.3%；农村互联网普及率达到 38.4%；直播卫星村村通和户户通工程有效覆盖了 59.5 万个行政村，满足了 1.4 亿用户收听收看广播电视节目的需求，超过全国广播电视用户总数的三分之一。直播卫星已成为中国农村地区广播电视覆盖的主要方式之一。

另外，我国农村信息化科研体系初步形成，基础支撑能力明显增强，以市场发展为主体，辅以政府引导的农业信息化发展格局初步建立，农业互联网企业不断涌现。在农业农村信息服务与大数据应用上，国家继续加快推进信息进村入户。2017 年，农业农村部在辽宁、吉林、黑龙江、江苏等 10 省市开展整省推进示范，到 2020 年，益农信息社基本覆盖全国所有行政村，修通修好农村信息高速公路。

第三节 群体数字鸿沟

 你知道吗？

　　如果我们都生活在同一个城市里，每天朝九晚五地上班、学习，我们之间还会存在鸿沟吗？或许直到今天，还有很多农民工不会使用 App 购买火车票；或许当我在使用微信进行人际沟通时，你还在用 QQ 购买绿钻、红钻；又或许当我在王者峡谷里大杀四方的时候，你却在奇迹暖暖里的梦幻裙摆中流连。不同的职业、年龄、性别，都在影响着我们的认知差异，群体间的数字鸿沟必然会存在，也亟须通过不断的交流与沟通去弥合。

一、各职业群体间数字鸿沟

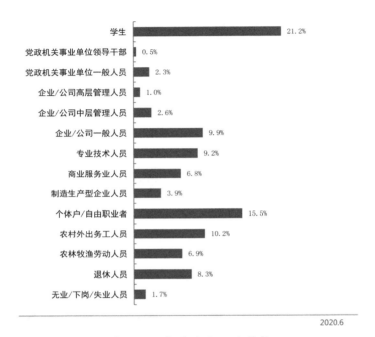

2020.6

图 2-2　中国网民职业结构

第 46 次《中国互联网络发展状况统计报告》显示,截至 2020 年 6 月,中国网民中学生群体最多,占比达 21.2%;其次是个体户 / 自由职业者,占比为 15.5%;农村外出务工人员占比为 10.2%。我国网民职业结构保持稳定(见图 2-2)。

在互联网给人们的社会生活和发展带来巨大福祉的同时,不同人群在互联网接入、使用和认知方面有着巨大的差距,形成了新的不平等与社会分化。以农民工和大学生两个在教育背景、人生经历方面差异较大的群体为例,其在面对现代信息化生活时表现出了不同的使用特点和模式。

我国铁道部在 2012 年开启网络购买火车票的渠道,许多农民工由于文化水平不高,缺乏相应的互联网使用技巧,在短时间内无法掌握必需的网络操作技能,因此在网络购票越来越方便的同时,他们却无法享受到同样的便利,甚至更难买到原本就难抢的车票。

因此到了每年年底农民工集体返乡的时候,都会出现大量农民工在窗口排队抢票的新闻报道。对农民工来说,网络订购车票并没有给他们带来方便,反而增加了买票的难度,因为原本就短缺的车票被网络购票渠道分流了。春运期间,火车站人工售票窗口前的长队中,除了老人和小孩,排队最多的就是农民工了。在媒体采访中,农民工表示,选择在窗口买票的主要原因是不会上网,更不会在网上预订车票。有些农民工担心网络购票不安全,网络购票程序对中老年农民工来说尤其复杂。再加上农民工放假时间一般要根据工程进度而定,所以返乡日期不确定,只能在结算了工钱之后再回家 …… 正是出于以上种种原因,才会频频出现农民工买票难的问题。

也有许多志愿者群体发现了这个现象,积极主动地帮农民工解决购票难的问题。2015 年 12 月,在山东聊城的某建筑工地,大学志愿者群体为了帮助外地农民工群体解决回家难的问题,举办了以"买票我帮助,温暖回家路"为主题的网络购票活动,帮助农民工预定返乡火车票,为农民工打造温暖归途。

这样的事件表明,随着信息产品和技术的不断更新,不同群体之间的数字鸿沟有加剧的趋势。在以信息为战略资源的社会中,信息不平等不仅反映出社会的整体公平状况,而且在很大程度上影响了其他领域的公平。

许多调查研究发现,农民工群体利用新媒体满足自身信息需求的意识比较淡薄,一部分青年农民工意识到了通过手机网络、新媒体等方式获取信息的优势,而大部分中老年农民工则通常依赖传统媒体或亲属、老乡来获取相关信息。从总体上来说,农民工群体较多使用互联网的通信、娱乐应用软件,较少利用网络上的信息资源进行学习和自我提升。相比之下,大学生群体拥有更多的网络技能,更倾向于利用互联网去获取信息,以及通过各种社交软件获得丰富的社会资源,并且有着将网络信息转化为线下实践的强大行动力,因此他们也获得了更多发展的可能性。

与农民工在网络购票上的表现不同,2019 年,有程序员在网络上抗议互联网公司存在的"996 工作制",引起了舆论的广泛关注。"996 工作制"是指我国现在许多互联网公司要求的员工每天早 9 点工作到晚 9 点,每周工作 6 天的工作方式。这样的工作方式给程序员群体带来极大的压力,因此引发了程序员们的吐槽和大众讨论。程序员们选择在 GitHub 上发布名为"996.ICU"的抗议。GitHub 是微软旗下一个主要用于代码共享的社区,这个社区的主要用户是程序员群体。在 GitHub 社区,一个匿名的程序员在"996.ICU"网页上,向全球用户介绍了"996 工作制"

Open Mind Could Open World

<>code ⟨!⟩ ˙˙˙ ˙ ˙

搜索 🔍 × × 996

New

☐ ⟨!⟩ **123 Open 21 closed** ☐▾ ☐▾ ☐▾ ☐▾ ☐▾ ☐▾

☐ ⟨!⟩ **抗议 "996" 工作制度!!!** ✕

☐ ⟨!⟩ **抵制公司 "996" 压榨!**

☐ ⟨!⟩ **拒绝 "996"，争取我们的合法权益!**

☐ ⟨!⟩ **劳逸结合，争求作息合理的人生!**

☐ ⟨!⟩ **××公司"996"制度拖垮员工**

☐ ⟨!⟩ **无良互联网公司，压榨员工……**

☐ ⟨!⟩ **…… "996"……**

☐ ⟨!⟩ **……**

☐ ⟨!⟩ **……**

利用网络争取权益

以及我国相关的劳动法规,并在网页最后写道"Developers' lives matter"(程序员的命也是命)。这个问题在微博等各大社交媒体平台上被不断讨论,还有一些用户发起了"996公司黑名单",号召大家列出实行"996工作制"的公司。这个网页随后被用户自发翻译成多国语言,号召全球程序员加入。截至2019年4月5日,"996.ICU"已经在GitHub上获得超过17万次的点赞,并登上了该网站的热门页面,同时在我国的社交媒体上引起了广泛的讨论。

我们能够看到,不同的职业背景的用户,在通过互联网争取权益、表达诉求方面,有着不同的方式和优劣势。程序员因为受过系统的数字技术教育,有良好的数字信息素养,在运用互联网手段表达诉求时能够获得更多关注;而部分农民工因为自身文化水平和数字信息素养的缺失,在春运网上购票时面临许多问题,且大多需要寻求他人的帮助。这是各职业群体间的数字鸿沟。

二、各文化群体间数字鸿沟

第46次《中国互联网络发展状况统计报告》中的数据显示,我国网民以中等教育水平的群体为主。截至2020年6月,初中网民占比为40.5%,高中/中专/技校学历的网民占比为21.5%;受过大专教育、大学本科及以上教育的网民占比分别为10%和8.8%(见图2-3)。

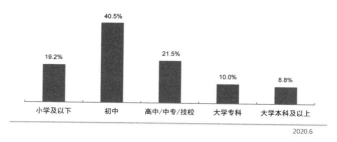

2020.6

图 2-3 中国网民学历结构

随着我国信息化进程的不断加快和互联网的发展普及,普通大众都在关注数字信息技术在促进社会发展方面的能力。但与此同时,在信息技术是否会导致新的社会不公上,也出现了越来越多的争论。数字鸿沟的特点和形态,从"第一道数字鸿沟"逐渐拓展到了"第三道数字鸿沟"。具体来说,即从信息设备和工具的"第一道数字鸿沟",到使用信息资料的"第二道数字鸿沟",再到人们信息资源和知识利用判断能力上的"第三道数字鸿沟"。关于"第三道数字鸿沟",有许多研究者认为,受到良好教育和信息素养较高的群体能够更自如地通过互联网获取知识和资讯,而受教育程度低的人在面对复杂的信息操作系统、资讯语言时,往往不知道从何下手,这就形成新的数字鸿沟。横亘在不同群体、年龄、区域间的鸿沟不断加深,也出现了新的挑战和体验。

在研究中,有学者发现,数字技能水平的高低与教育背景存在着相关性。在"技能鸿沟"的实验中,高学历被试者在所有数字技能上的表现都要优于低学历被试者。在"使用鸿沟"上,低学历被试者的整体上网时间超过了高学历被试者。另外,低学历人群更多使用娱乐类应用,而高学历人群更多使用严肃偏向类应用,这也从另一个角度加强了高学历人群在学习、工作、社会参与上的优势能力和资源。

企鹅智库发布的《2019—2020中国互联网趋势报告》提到,庞大的初中及以下学历网民对手机很依赖。互联网不仅为他们提供新的娱乐方式和生活方式,还影响着他们的消费观念和消费行为。中国手机移动互联网网民有着3.78亿的存量市场,在初中及以下学历的人群中,移动互联网的渗透率达到了45.7%。大量的低学历网民被形容为互联网中的"超级大众",他们数量庞大,有大量的需求未被满足,同时还有着较强的消费能力。因此他们将会是未来互联网市场中各大互联网巨头争夺的主要人群。

这个趋势报告显示,目前的低学历人群在使用智能手机上有着显著特征,他们人均安装App的数量较少,可消费的碎片化时间更长,可供支配的休闲时间也更多。这可能是由于初中及以下学历网民从事个体经营和自由职业的比例较高,而他们的生活态度和情感表达也会影响他们对社交、资讯、娱乐内容的选择和偏好。

低学历人群在网络购物方面表现出来的消费能力,是未来互联网生态体系中一个重要参考指标。在电商购物应用方面,大部分网民熟悉的可能是淘宝、天猫、京东等电商平台。但对于近几年异军突起的拼多多,初中及以下学历网民使用比例超过高学历网民。拼多多用户构成中,初中及以下学历网民占比43.7%,而大学本科学历网民占比仅为 25.9%。这说明以拼多多为代表的新电商平台注意到了初中及以下学历网民的用户特点和他们的购物需求,并且通过各种功能设计和产品逻辑来服务用户。在电商的月消费金额上,近九成的低学历用户月消费金额在自身的月总消费金额的 40% 以内,而在千元以上消费区间的低学历用户数量较少。这说明网络购物和网上支付的渗透程度表现较好,成为人们生活当中一种新的必不可少的方式。

在社交层面上,低学历网民有着明显的社交特性。低学历网民更加倾向于使用 QQ、微信这些简单方便的社交产品,较少使用微博、知乎等社区类产品。这主要是因为低学历人群对社区类产品的内容和运营方式较难接受。以微博为例,微博的用户一般通过发表意见参与话题讨论和互动,而这往往是低学历用户不擅长的。相比之下,低学历用户更喜欢有生活基础的娱乐信息、生活技巧、养生信息等内容,与此对应的娱乐短视频、精准推送的新闻资讯等信息成为他们的主要关注点。在阅读方面,大部分低学历用户更加偏向于流行的网络小说等文学作品,对严肃类或专业工作技能类信息不太有兴趣。

在娱乐方式上,低学历用户更喜欢短视频、幽默段子等应用和内容,而高学历用户更喜欢综艺和游戏类应用,但是重度游戏用户中的低学历用户数量要远高于高学历用户。近几年,我国的互联网市场不断发展,从衣、食、住、行等各个方面丰富便利着我们的生活。与此同时,低学历人群作为数量庞大且需求未被全面满足的"蓝海"受到青睐。未来的互联网市场必将偏向他们,不断从深层次挖掘他们的需求、消费能力,并且培养他们的使用黏性。在未来几年的互联网市场中,谁能够满足这部分人群的需求,谁就能立于互联网舞台的中央,得到新的关注和不断的资源扶持。

三、各年龄群体间数字鸿沟

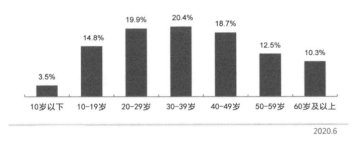

2020.6

图 2-4　中国网民年龄结构

第 46 次《中国互联网络发展状况统计报告》显示,我国网民以青少年、青年和中年群体为主。截至 2020 年 6 月,10—39 岁群体占总体网民的 55.1%。其中 30—39 岁年龄段的网民占比最高,达 20.4%;10—19 岁、20—29 岁群体占比分别为 14.8%、19.9%。40—59 岁中老年网民群体占比由 2019 年 6 月的 24%扩大至 31.2%,互联网在中老年群体中的渗透加强。

早在 2014 年 5 月,中国互联网络信息中心发布的《2013 年中国青少年上网行为调查报告》指出,青少年网民平均每周上网时长为 20.7 小时,他们更加喜欢即时通信、网络娱乐应用,对这两类应用的使用率均高于网民总体水平,网络游戏应用的使用率更是达到了 67.9%,远超网民总体水平。这类关于上网时间和上网内容的数据统计,表明青少年在使用网络过程中可能存在浪费时间现象。不同年龄群体在网络使用时间和内容上的"使用鸿沟",其实也是一种"时间鸿沟"。《纽约时报》指出,时间上的浪费是数字时代的新鸿沟。

有越来越多的数据表明,不同年龄阶段的群体之间存在着明显的数字鸿沟,年轻群体拥有信息网络的比例、使用熟悉程度、借助信息网络获取的知识和信息显著高于年长的群体,这也形成了新的数字代沟。

在这样的数字鸿沟下,有一个突出的现象,那就是中老年人成为网络诈骗的主要受害群体。2016 年,一个老年人就遭犯罪集团电话诈骗,损失人民币 1800 余万元。警方在经过半年多的追查之后,终于查获该犯罪集团,逮捕了犯罪嫌疑人 8 人。这起事件中的嫌疑人使用惯用套路,冒用检察院工作人员身份,告知这个受害人其信用卡遭到盗刷,需要替她监管账户。在获得受害人信任之后,通过电话、微信进行进一步的诈骗。受害人家属发现情况异常后才报了警。

2017 年,网络骗局又有了新套路。一些老套的电信诈骗无法骗取人们的信任后,新的骗局跟着移动互联网出现了,诈骗者专门打着"共享经济""二次教育""区块链"等旗号找上中老年人,比如以投资区块链为幌子的金融诈骗，让中老年人学英语的知识付费骗局等。以知识付费骗局为例，骗子先让学员在朋友圈分享海报，申请入群学习，群里的"老师"会按时在群里播放课程录音，接着就在课程中宣布需要收费几百元以进一步学习。这时候群里的"托"出现，纷纷抢购课程，中老年人在这种情绪煽动的氛围下，也购买了相应课程录音。就这样，在知识付费骗局中，骗子们通过播放盗版录音的形式骗取大量资金，而付费后的学员却无法在后续得到有效的产品和服务。

各年龄群体间的数字代沟不仅出于代际或者家庭内部的原因，也是由以数字鸿沟为基础的信息技术资源不平等导致的。许多社会学家发现，当社会在短时间内急剧变化时，家庭乃至社会两代人之间的价值观、生活态度、行为模式会出现越来越多的差异甚至冲突，原来自上而下的单向输出的文化传承方式会向由下而上的反向文化传承方式转变。家庭中

资料链接

在过去，作为晚辈的学生一直都接受着来自长辈、老师的文化传喻。美国人类学家玛格丽特·米德在《文化与承诺》一书中，将这种人类文化称为"前喻文化"。同时，她也提到了长辈反过来向晚辈学习的文化，即"后喻文化"。这两种文化都反映了不同时期人类社会中的文化变迁，而在不同的社会文化背景下，教育中的主、客体及其方法也都发生着改变。

就存在这样的文化反哺。一部分家庭由子女教父母上网技能方面的知识,子女的受教育程度越高、收入越高,家庭的数字代沟越大,出现文化反哺的可能性也越大。

但是随着科技手段和网络产业的发展,未成年人在接触网络的过程中也出现了越来越多需要我们注意的社会问题。近年来,未成年人向主播提供巨额打赏的现象层出不穷。在新闻中,这些未成年人的打赏金额从几千元到十几万元不等,给其家庭带来了极大的负担,也在社会上造成了许多不良影响。

在网络游戏方面,2017 年,为防止未成年人沉迷游戏,响应文化部"网络游戏未成年人家长监护工程"的号召,腾讯自行研发、推出了王者荣耀未成年人守护平台。根据系统规定:12 周岁以下(含 12 周岁)的未成年人每天在《王者荣耀》中限玩 1 小时(每日 21∶00 至次日 8∶00 禁玩),12 周岁以上的未成年人每天限玩 2 小时,超出时间后将被强制下线,当天不能再玩。家长可以及时了解孩子的游戏行为和消费动态,帮助孩子养成健康的游戏习惯,以达到守护孩子健康成长的目的。

在移动互联网时代,未成年人接触各种网络服务的门槛不断降低,这对在网络生态下的未成年人保护措施提出了更高的要求。针对这一问题,不少直播平台升级了未成年人管理工具,设置实名认证、人脸识别和人工审核三道防火墙。当然,家长也应该在其中发挥作用,除了提升自己的网络素养,还应该主动加强对孩子的互联网风险教育。

　　信息网络及数字媒介的出现,造成了一些代际层面的鸿沟,科技发展使我们置身于一个迅速变化的新世界当中。使用不同的社交软件、网络社区等网络工具的群体,在价值观、生活方式、消费理念等领域表现出多元性,使得同代人群之间产生亚文化差异。而与这些隔阂相对的一面是聚合,互联网给有相似兴趣爱好的文化群体带来快速聚合的便利,不同群体在网络中不断地互动与交融。这些新的科技变化使年老的一代面临着新生活的挑战,而被称为"互联网原住民"的年轻一代可以迅速接受并适应这些变化。当然,未成年人因为自身认知能力等因素,很容易产生过度沉迷网络等不良行为,因此需要家长对孩子的网络行为进行必要的监管。

第四节　家庭数字鸿沟

你知道吗?

　　你的爷爷奶奶有问过你微信语音怎么发送、微信红包怎么使用吗?你有收到过转发自长辈的文章吗,比如《这十种食物千万不要吃,吃了就要得癌症》?

其实,大到全球、城乡、群体,小到一个三口之家,数字鸿沟都可能会存在。我们和我们的长辈们,接收着不同的信息,形成了不同的认知与行为方式,而这些又会产生怎样的影响呢?

一、拇指族

现在我们对这样的场景越来越见怪不怪了:在车站里、地铁上、聚餐时,人人都拿起自己的手机,发微信、刷微博、玩抖音 …… 在日常生活中,许多人变成了拇指族,他们的大部分时间被智能手机、平板电脑等数字产品占据。

微信、QQ、微博等社交软件,还有抖音、王者荣耀等娱乐 App 占据了人们大量时间,这也是现在人们社交、表达自我、娱乐休闲的主要平台。人们在智能手机上消耗了大量时间。

网络给我们提供丰富资讯、便利娱乐的同时,也对基础教育等方面产生了负面影响。爱尔兰教育部公布的一份报告值得引起我们关注:短信通信技术导致学生拙于拼写,语言生硬不连贯,过度依赖于短句、简单时态和有限词汇。手机输入法的海量词库和自动纠错、联想功能,虽然加快了我们打字沟通的速度,但也对学生们掌握基础知识带来了影响。

同时,与手机相关的欺诈信息、涉黄涉赌、隐私泄露及手机成瘾等负面影响也曝光在公众视线中。学生拇指族的注意力被手机分散,学习时间被不同 App 的消息推送割裂。有些学生沉迷于手机网络,被碎片化内容吸引,学习成绩下降。网络色情等不良文化不断危害着青少年的身心健康,影响其正确世界观、价值观、人生观的形成。

此外是对身体健康的影响。由于长时间快速使用拇指按键,拇指关节反复磨损,使屈伸幅度加大,造成肌腱疲劳,很多人感到从拇指到手腕的肌肉紧张疼痛。"按键指"、腱鞘炎等原本多发生在中老年人群的疾病,如今也有蔓延到青少年群体的趋势。

为了帮助拇指族消除网络的负面影响,学校、家庭和社会需形成合力,提高学生的数字媒体素养,使学生能够充分并正确地利用数字资源,提高收集、利用信息的能动性。同时,应该对学生进行信息道德教育和信息能力的培养,综合提高学生的信息获取能力、处理能力、鉴别能力和利用能力。另外,还应该正确引导学生,使其多参加线下社交活动,全面提高自己的社交能力,扩展社交范围,提升在现实生活中的归属感,减少对手机网络的成瘾倾向。

二、银发族

第 46 次《中国互联网络发展状况统计报告》显示,我国 50 岁以上的网民占总体比重为 22.8%,较 2019 年有所上升,但是总体人数仍然较少。银发族对网络和新媒体的接触与使用仍然处于边缘化的弱势地位。

研究发现,老年人使用网络的主要目的是便捷地交流和获取信息,大多通过自我摸索、参与课程等途径学习上网。但是,也有部分银发族对接触网络感到困难,如上网水平较低且经常操作困难,输入缓慢;针对老年网民的信息质量亟待改进,丰富性较低等。

从用户本身看,老年网民的职业、年龄、受教育程度等因素,会影响其上网目的和上网需求;网络接触水平、掌握能力等会影响老年网民对不同网络服务的偏好;网络服务软件的便捷性、内容丰富性、交互体验等会影响老年网民对网络服务的接触频率和依赖性;老年人自身的家庭环境、所处地区的社会环境对其上网行为也有重要影响。

以微信为例,对老年人来说,微信的操作步骤较为烦琐。微信公众号大部分采用多级菜单形式,往往需要连续选择多次才能找到所需要的功能板块,不便于老年人操作使用。另外,微信平台缺乏专门针对老年群体的微信公众号。老年人一般对健康养生、文体活动、医疗资讯等信息较为关注,而这类公众号大多数信息质量良莠不齐;其次,部分公众号以经济利益为导向,忽视了内容的原创性,抄袭、"搬运"现象屡禁不止,这也造成了信息泛滥和信息冗余。

部分公众号受利益驱使,有意无意地夸大事实、散播谣言,在健康养生类信息上更是如此。大部分老年人缺乏一定的健康知

伪科学是带着天使面具的恶魔

识和辨别谣言的网络素养,经常转发此类信息到微信群、朋友圈,在一定程度上加剧了谣言的传播和扩散。

当然,我们也应该注意到,随着智能手机的普及和消费观念的转变,老年网民的增长比我们想象得更快,不论是规模还是消费能力,他们都有可能成为互联网未来红利中最大的一块。那些从未上过网的中老年人,正被子女或者孙辈们带入一个新的世界。他们可能用着子女送的智能手机,学会了微信聊天、拍照、看视频;一部分可能开始尝试用手机购买日用品;在超市付钱的时候,可能在导购的引导下尝试了移动支付。企鹅智库发布的《2019—2020 中国互联网趋势报告》认为,这样的银发经济值得重新关注。

报告发现,中老年网民手机里的应用虽比年轻人少,但是他们对手机的依赖度并不低。在 40 岁及以上的中老年网民中,有 65.7% 会把一天中至少四分之一的自由时间交给手机。有近 30% 的中老年网民表示,手机占据了他们一半以上的自由时间。

在手机消费喜好方面,50 岁以上网民的特点与中年网民基本相同。在短视频和唱歌等一些轻娱乐内容上,他们甚至超过中年网民。另外,电商在中老年网民中的渗透率较高。在 40—50 岁人群中,约 89% 在电商平台购过物;而在 50 岁以上网民中,网购渗透率竟也达 68%。

因此,应对老年人普及科学知识,将科普与日常生活相结合,引导老年人加强对日常健康知识的认知和理解;其次,鼓励多种

资料链接

2020年11月15日,国务院办公厅发布了《关于切实解决老年人运用智能技术困难的实施方案》的通知,强调在互联网、大数据、云计算、人工智能等技术快速发展的今天,我们要聚焦老年人面临的数字鸿沟问题,坚持传统服务与智能创新相结合,普遍适用与分类推进相结合,线上服务与线下渠道相结合,解决突出问题与形成长效机制相结合。到2020年底,出台一批有效措施,满足老年人基本生活需要;到2021年底,推动老年人享受智能化服务更加普遍,传统服务方式更加完善;到2022年底,老年人享受智能化服务水平显著提升,基本建立解决老年人面临的数字鸿沟问题的长效机制。

类、特色性的公众平台,创新内容生产机制,针对老年人的不同使用需求和接触动机,设计并策划传播内容;同时应该建立严格的审查机制,建立相关的行业规范和法律制度,将谣言等虚假信息扼杀在摇篮里,为老年人营造安全、和谐的新媒体环境,促进银发经济在未来互联网市场的发展。

三、低头族

低头族描述的是当前社会较为普遍的群体,指那些手机、平板电脑不离手,不论什么场合,都低头看屏幕的人。这些人大部分时间都低头专注于手机屏幕,甚少与身边的人面对面沟通或交谈,乃至产生了成瘾现象。

2016年就发生了一起由"低头"引发的悲剧:一个早上,涵涵的妈妈带着她在小区里玩耍,妈妈认为小区里行人车辆不多,便一边玩手机,一边带孩子。涵涵走到了一辆轿车的右前方,正好在司机的盲区内,直到车轮碾过涵涵,她的妈妈才发现。意识到情况不妙的妈妈赶紧放下手机,来到车前,将孩子从车底抱出,送往医院抢救,然而一切都晚了,涵涵就这样失去了生命。

低头族的形成有多方面原因。从社会环境来看,智能手机的价格不断降低和性能提高,移动通信、无线上网技术的发展,都降低了手机的使用成本。从个体角度考虑,手机和移动网络满足了人们即时通信、社交的需要,随时随地使用阅读、搜索、娱乐等功能也不断提升了心理满足感。手机及移动网络的发展使人们突破了地理空间的限制,各个行为主体之间的沟通更为平等开放。

在情感维系方面,移动网络及智能手机给人们带来极大的便利,提高了人们社交和维系感情的效率,但是也造成了一定的情感障碍。在日常生活中,人们通过表情、肢体动作等显性的情感表达来传递和获取信息,并及时调整自己的表达方式,以促进社会关系的发展。而低头族通过图像、文字、表情包等虚拟性的符号进行表达,可能会削弱情感的传递,甚至导致双方产生误解,淡化情感表达。在通过新媒体平台发送、接收信息时,还经常出现一人对多人,"信息此起彼伏、聊天答非所问"的碎片化特征。

另外,低头族更加关注个体意识和价值,往往忽略了现实生活中需要维系的更为重要的社会关系。我们经常可以看到,在家庭聚会中,成员们没有相互关心、问候,而是低着头,不停地刷着手机,忽略了眼前更为重要的家人。

目前,智能手机已经成为我们新的生活方式的代表,它的快速发展极大地改变了我们的行为方式和交往方式。在合理满足自身需求的基础上,我们需要从自身出发,减少低头现象,适度使用数字移动网络,加强自律能力,防止过度使用手机。

第二章

数字机遇

　　陶渊明在《桃花源记》中写道:"阡陌交通,鸡犬相闻。"这本是对世外桃源的描述,却未承想,数字化的进程当真使地球变成了一个村落。

　　互联网连接了整个人类社会。全球前五十的互联网企业中,中国上榜十家,李子柒在 Youtube 的个人频道上有超一千万的订阅量,无论是经济或是文化,中国的声音正在向全世界传递;拼多多、快手崛起,互联网企业将目光转向下沉市场,小镇青年、农村群体从失语者成为表演者;滴滴出行、美团外卖,数字化时代中新兴职业层出不穷,人与人之间的联系充满着偶然与意外。在这场数字化革命中,我们拥有了前所未有的数字机遇,我们将改变什么、创造什么,都将交由时代来回答。

第一节　数字是全球沟通语言

你知道吗？

当互联网大潮尚未袭来时，人们使用着不同的语言与文字，各国人民间的交往由于语言受限，呈现的仍然是线性结构。当计算机语言横空出世后，民间的交流活动逐渐普及，当 TikTok 走出国门，当国内的博主们活跃在 Youtube 平台上时，讲好中国故事，展现真实、全面、立体的中国就是我们的使命，文化融合与全球化是我们的目标。

你知道世界上有多少种语言吗？德国出版的《语言学及语言交际工具问题手册》提供了比较具体的数字：5651 种。其中在世界范围内使用最广的是印欧语系中的英语和汉藏语系中的汉语。这里要给大家介绍的则有别于有声语言，而是一种以计算机语言二进制为代表的数字化语言。

在以往的社会交往过程当中，语言的沟通和对各自文化的理解程度，直接影响了世界各国和世界人民相互交往的频率。只有那些掌握某种语言的人才会有机会进行跨国交际和交往，比如古代的马可·波罗、利玛窦等。这样的交往凤毛麟角,而且由于人类智力水平和学习精力受限,很难达到一个人掌握多门外语的情况,这就使得世界各国的交往几乎是线性的,而不可能像人际交往那样构成极其丰富和复杂的网状结构。

《圣经·旧约·创世记》中讲了这样一个故事:人类达成共识,要建一座通天塔,塔的名字叫"巴别塔"。由于大家语言相通,同心协力,巴别塔建得越来越高,马上就要建到天上。这个行为惊动了上帝,上帝决定惩罚人类。上帝来到世间,使得人们说不同的语言。人类最终因为语言不通而分散各地,巴别塔的建造半途而废。人类开始了各自独立和相互斗争的状态。在进入数字化时代之前,人类就像处在巴别塔半途而废后的社会一样,相互孤立,语言不通,而社会中的主要沟通方式就是凭借着精通几国语言的精英人才,进行国际政治、经济、文化、军事的交往。

今天我们日常生活中所使用的电脑、智能手机、智能穿戴设备乃至翻译机,都是基于计算机语言进行设计和应用的。所以计算机和新兴电子通信设备的普及,使得这种数字化的计算机语言成为全世界人民的通用语言。由于新的数字化语言的国际化普及,国家间尤其是民间的交流活动变得常态化。人类正在借助数字技术构建起新时期的巴别塔。

数字技术的到来,使得人类能依托现代通信设备和便捷的翻译软件,进行无障碍的沟通。数字是全球沟通的语言,开启了新时代 —— 计算机语言时代。数字化技术和传统行业的产品深度交融,数字化新兴产品的市场渗透率不断增加,产品也开始普及。智能手机是连接人们日常工作和生活的智能端口,调查显示,智能手机拥有量即将超过个人/手提电脑拥有量,87%的网民目前拥有至少一部智能手机。智能手机在短短时间里就达到个人/手提电脑拥有量,就足以说明移动互联网带来的网络行为改变有多快。但是,这个趋势在各地区并不一致。在亚太地区、中东、非洲和拉丁美洲,拥有智能手机的网络消费者已经超过个人/手提电脑消费者;欧洲和北美智能手机拥有量仍然落后于个人/手提电脑拥有量。总体而言,手机成为上网主要设备的时代即将到来,从客观上为"数字"成为全球通用语言提供了物质载体和客观条件。

一、数字化带给发展中国家机遇

人类社会经历过三次工业革命。第一次工业革命以蒸汽机动力为代表,首先出现在18世纪的英格兰,资本主义国家开始大规模地使用机器,生产效率远远高于以往的任何社会生产模式,这就迫使资本主义国家寻求更大的消费市场和原材料提供地。非洲地区、美洲地区乃至于处于农业社会的亚洲地区成为他们的目标市场。这些地区先后沦为了资本主义国家的殖民地或半殖民地。这些殖民地和半殖民地在第一次工业革命到来时被迫与世界工业体系联系起来,成为原材料供应地和产品市场目标地。

这些地区大部分就是如今的发展中国家。

第二次工业革命以从蒸汽时代进入电气时代为显著特征,19世纪六七十年代,首先在几个发达的资本主义国家产生。这次工业革命的特点是科技发展更加与产业相结合,生产成本进一步降低,资本主义垄断开始形成,全球没有哪个国家可以躲过这个革命浪潮。在这次工业革命当中,一些亚非拉国家开始寻求自身发展,比如日本就摆脱了被殖民的命运,从而走向发达国家行列,但是大多数亚非拉国家在此次革命当中再一次沦为市场,这也进一步拉开了发展中国家和发达国家之间的差距。由于几大资本主义强国抢夺世界资源,同时生产效率提高,为爆发两次世界大战提供了财富积累。几大发达国家和发展中国家成为这两次战争的战场。两次世界大战完全解构了原有的世界格局,诸多发展中国家在二战后开始摆脱被殖民地位,走向独立和自主,但同时,资本主义(发达国家)掠夺发展中国家的手段开始变得更加隐蔽。

20世纪四五十年代,在以原子能技术、航天技术、电子计算机应用为代表的第三次工业革命中,资本主义国家进一步发展,发展中国家的范围在此次革命后被基本确定。经过第二次世界大战的洗礼,无论是发达国家还是发展中国家,都开始思考一个问题:世界的发展将会是什么样的,是双边模式、单边模式,还是多边模式?探索社会发展的步伐从来没有停歇。1945年6月26日,《联合国宪章》在美国旧金山签订。同年10月24日,宪章生效,标志着联合国正式成立。《联合国宪章》明确了发达国家和发展中国家应尽的社会责任与社会义务。

在过去的三次社会变革中,发展中国家都没有抢占先机,而这次以数字化应用为代表的第四次工业革命给发展中国家带来了前所未有的机遇。

2012 年 5 月 29 日,联合国推出了"全球脉动"计划,该计划旨在将被数据化的信息汇聚到一起,形成海量数据资源,开发和利用这些数据资源,给发展中国家带来机遇。计划发布了《大数据开发:机遇与挑战》报告,介绍了世界各国尤其是亚非拉等发展中国家在互联网时代的今天,怎样运用大数据来迎接现代社会所面临的各种现实问题。

该计划针对发展中国家正确运用大数据给出了意见和看法。数据革命是社会数字化的外在表现,在 21 世纪的今天,它不仅影响着西方发达的工业化国家,发展中国家也同样在这场变革中发生着巨大变化。虚拟社会和现实社会在不断发生碰撞融合,这些融合表现在社会的各个行业和方方面面,在发展中国家,这些变化表现得更加明显。"全球脉动"计划中提到,2010 年,世界上有超过 50 亿部手机在使用,其中发展中国家超过 80%。在发展中国家,人们通过手机实现实时通话,进行转账、购买产品、传输数据等,移动业务互联网流量的势头已经远远超过了传统的发达国家。虽然其前期的有线互联网建设落后于西方,但是在以移动设备为主的现在,发展中国家赶超的趋势明显。

该计划举出了"问答盒"和"数据鼓"两个典型项目,为发展中国家偏远地区的人们提供了农业知识、健康常识、教育信息、贸易数据、娱乐等各方面信息。社交媒体也会随之发展,当地居民可以通过媒体,获得全球发展和与本地区密切相关的区域信息,从而使得其发展获得更多的机遇。

该计划还介绍了使用电话呼叫记录进行数据挖掘和分析的案例。在2010年海地地震后,研究人员根据电话呼叫记录,跟踪震后难民的迁移情况,为政府提供了可靠的震后救援数据。运用同样的方法,帮助防治非洲肯尼亚疟疾、掌握墨西哥流感流行及传播路径。这些都是针对突发性灾难事件做出的数据服务,而研究也表明,这些数字记录对发展中国家城市化建设的前期规划起到了作用。

另一个案例显示,在5个月内对50万人的数字位置信息进行分析后,科特迪瓦研究人员勾勒出了高度拥挤的旅游路径。这些数据为当地基础设施建设和公共交通线路的规划提供了可靠的数据支持。还有其他一些应用,比如通过分析社会网络中的通信流量,了解当地的经济发展状况和经济模式,同时对社会普查数据进行分析,为发展中国家在数据统计上提供了新方法。

从整个社会变革的进程来看,我们现在正处于数字化社会变革的开始阶段。今天的中国,来自亚非拉地区的人越来越多,他们通过各种数字化产品,可以在中国毫不费力地生活和工作,从来不会因为语言的问题而影响他们在中国生活、旅游、做生意、留学。这在过去的几十年间是不可想象的。数字化社会的到来,给亚非拉等发展中国家的人提供了更加便捷廉价的交往方式。

由于近年来移动通信技术的普及和发展颠覆了原有的时空观念，即使是远在大洋彼岸，我们也可以通过现在的技术手段隔空实时对话。在以往社会结构中，发达国家可以凭借对技术和信息的垄断来掌握世界的政治经济军事走向。但是5G时代的来临和智能接收端的普及，松动了西方垄断信息的格局。新的社会秩序在逐渐形成，发展中国家完全可以积极参与其中。发展中国家中，不乏有技术领跑者，比如中国的华为5G技术、移动支付——阿里的支付宝、腾讯的微信支付。地球村的设想已经变成了现实，全球化视野下，发展中国家所扮演的角色正在发生悄然的变化。

二、数字化促进东西方文化融合

前面讲到"全球脉动"计划，我们可以知道整个社会被一张隐形的网连接起来，而且这张网由每个动态的人组成，无论你在发达国家还是发展中国家，都是信息的接收者，同时也是发布者。基于不同文化群体的人在互动的过程中，也在客观地促进东西方文化的融合。

（一）东西方文化主动融合

以往的东西方文化融合是一种被动行为或是侵略行为。比如蒙古帝国用铁骑征服西方某地，带去东方游牧民族文化，在战争结束后又带回大量奴隶,这从客观上带来了东西方文化的碰撞。可以说,古代乃至近代的东西方文化融合,多数都是作为战争附属品发生的。近代的侵略战争中,很大一部分文化融合是服务于战争而进行的文化侵略,侵略者强迫当地人民使用侵略者国家的语言便是如此。

21世纪的东西方文化融合形式不同于以前任何时代,今天的文化行为是各国国民为了拥抱世界,发自内心的主动行为。这种行为不难解释:国际化已经使每个国家、每个人不可能孤立地存在和发展,我们必须紧密地与各个国家和各种文化接触。比如,就算在最原始的非洲部落,我们也可以看到他们和世界相连的例子:非洲土著部落的人所穿的拖鞋上都印着"made in china"。

(二)文化产品的全球化推动文化融合

东西方文化融合过程中,文化产品的全球化是各国传播本国文化内涵和意识形态的主要形式,其中电影是最典型的例子。目前,电影制作和传播完全被数字化,是文化产品中数字化水平最高的。以往西方社会要想传播文化,首先要传教士不远万里来到东方,并经过长时间对当地语言的学习,通过口口相传的低效方式传播文化。再后来就是报纸,要想知道欧洲所发生的事情,要通过轮船把报纸带到当地,即使轮船按时到岸,得到消息也是几个月之后了。

现在,中国人在经历了一周的紧张工作后,坐在影院里面,可以看到最新的美国数字电影,这种电影的传输速度以秒计算。在大洋彼岸的美国人可以通过抖音,看到中国老百姓的日常行为,因为这个短视频平台应有尽有 —— 旅游、健身、幽默段子、旅行、烹饪等。这都是数字化带来的便捷。

（三）数字化减少东西方交流障碍

数字化以实时通信技术有效地打破东西方之间交流的阻碍与隔阂,在一定程度上淡化了东西方的差异,有利于东西方之间政治、经济、文化等多方面的交流与合作,使得地球村的目标更加容易实现,也使得东西方的国际交往更加频繁,从而有利于东西方相互吸收借鉴,共同进步、共同发展。

文化交流有着多种多样的途径,也有着多种多样的分类方式,其中一种就是官方交流与非官方交流。官方交流主要由政府组织引导,而非官方交流主要以民间团体或个人自发组织为主。而在文化交流工作中,信息的及时准确传递尤为重要,官方与非官方之间存在

资料链接

李子柒是一名知名视频博主,在 Youtube 的个人频道上有超一千万的订阅量。她以中国传统美食文化为主线,制作相关视频。在她的作品中,我们看到了黄豆如何酿造成酱油,看到了蜀绣、笔墨纸砚、活字印刷术等东方非物质文化遗产的传承。她以个人视角向全世界展现了中国传统农耕文明,描绘了一幅田园牧歌式的农村生活图景,这种非官方的"润物细无声"的交流与传播,是讲好中国故事的新形式。

我眼中的东方世界

着信息的不对等性,还有信息传递的时效性问题,故而存在着一些交流阻碍。这些阻碍不利于东西方之间的文化交流工作,也不利于东西方之间的文化融合。数字化的发展与运用,使得东西方文化交流工作能够凭借数字信息处理技术,实现信息的及时、准确传递。因此,数字信息处理技术的运用从客观上为东西方文化融合提供了条件。

三、数字化鸿沟的产生及弥合

数字化不是一蹴而就的事情,它的产生、发展、完善是个长久的过程。数字鸿沟是一个复杂和多维度的问题,因为世界各国本身发展就存在不平衡性,某一个国家内部也存在各个地域和各个阶层的不平衡性。

下面的数据图(见图 3-1、图 3-2)来自中国互联网络信息中心的第 46 次《中国互联网络发展状况统计报告》。

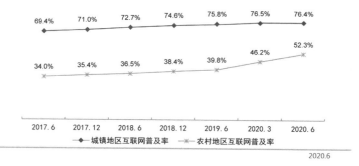

图 3-1 城乡地区互联网普及率

单位：万人

图 3-2　网民规模和互联网普及率

我国第六次人口普查数据显示：城镇人口为 665575306 人，占总人口的 49.68%；乡村人口为 674149546 人，占总人口的 50.32%。从第六次人口普查和第 46 次《中国互联网络发展状况统计报告》所反映出来的信息看，城市和农村接触与使用互联网的比例完全不成正比，但是中国的网民规模数量已经达 9.4 亿，互联网的普及率已经达 59.6%，如果按照现在的发展速度，将来必将出现数字鸿沟的弥合。农村人口的文化水平、收入水平虽较城市人口低，但可支配时间却很多，随着移动手机的成本进一步降低，农村人口在移动互联网的使用上会大大增强，从而使数字鸿沟得以弥合。这种弥合不仅表现在城乡之间，更表现在社会各类人群的融合上。从年龄结构来看，现在主要的上网人群集中在 20—39 岁，占比达 40.3%。50 岁以上网民数量在 2020 年是 22.8%，比 2019 年增加了 9.2%。也就是说，随着时间的推移，中国网民年龄结构会发生变化，从以中青年为主变成以中青年加老年为主。

这种弥合的产生,一是由于随着时间的推进,原来的中青年上网人群自然过渡到中老年行列,新生的中青年上网人群会源源不断地得到补充,最终达到数字弥合。二是由于互联网接入设备价格低廉,从经济成本上解决了数字鸿沟的现实问题,让每个人都可以用得起手机。

我们以时间为轴,以建设银行的数字化建设为例,来看数字化技术进步对数字鸿沟和弥合鸿沟的影响。从 1999 年 8 月中国建设银行推出个人网上银行到 2018 年推出全国首家无人银行,体现了数字化产生鸿沟并随着数字化技术的完善弥合鸿沟的过程。

1999 年,个人电脑还没有普及,能够接触和使用电脑的都是经过技能培训的专业人群,同时互联网的基础建设刚刚开始,好多电脑还在局域网状态。上网条件和上网技能是当时能否使用建设银行个人网上银行业务的关键。数字鸿沟由此产生。当时能够使用网上银行的用户是 745 万。随着数字化技术的不断进步,建设银行的网络银行迭代到 2009 年,已经经历了个人网银 1.0 版、2.0 版、3.0 版、4.0 版,形成了基于客户、产品和管理的完整服务体系。2009 年,全新改版的建设银行网站亮相互联网,日均页面流量一路飙升至 6100 万,稳居国内银行同业首位。建设银行电子银行犹如 "金融高速路",成为客户交易和服务的主要渠道。截至 2013 年底,电子银行与柜面交易量之比达 303%,电子银行渠道业务处理能力约相当于 4 万个物理网点的业务处理能力。

从建设银行的服务人群数量的变化可以看出,最初是少数人享受电子商务服务,后来服务人群数量剧增,技术进步推动了数字鸿沟的不断弥合。2018 年,建设银行又在上海推出全国首家无人银行,全程服务无人介入,高度智慧化,充分运用机器人、VR、AR、人脸识别、语音导航、全息投影等数字化程度极高的科技,为客户提供全程智能化服务。客户无须掌握数字化产品使用技能,只要"一张脸"便可以办理所有业务。

一是全程全自助。踏入建行上海市分行无人银行大门,布局与传统银行完全不同,没有柜台,没有忙碌的银行工作人员,没有拥挤的排队人群。机器人、智慧柜员机、外汇兑换机以及各类多媒体展示屏,所有业务办理均可通过精心设计的智能化流程提示,实现自助操作,轻松惬意。

二是高度智能化。机器人取代大堂经理的角色,可以通过自然语言与到店客户进行交流互动,了解客户服务需求,引导客户进入不同服务区域完成所需交易。生物识别、语音识别等人工智能技术得到广泛应用,实现了对客户身份识别与网点设备的智慧联动,不再需要客户对数字化产品具备应用技能。"一脸走天下"成为现实。

三是服务有温度。推进普惠金融发展,紧靠民生建设,通过互联网渠道将柴米油盐、衣食住行等各项民生事务与银行业务有机地结合在一起,实现费用一键缴清,为客户提供一站式服务,有效履行银行的社会责任,充分体现建设银行的大行风范。

可见,未来银行网点的模式已经初见端倪。"无人"银行,"有人"服务,在客户顺利、快捷、自助完成自身所需金融服务的背后,是建行强大的现代科技开发应用能力和完善的后台系统支撑保障能力。只有善于创造、善于建设,才能在互联网时代的大潮中引领潮流发展,立于不败之地。

综上所述,数字化道路是比较漫长的过程,我们要客观地看待数字鸿沟的存在,同时也要理性地面对从数字鸿沟到数字弥合的过程。

第二节　数字是城乡统筹工具

💡 你知道吗?

随着互联网的持续发展,"小镇青年""下沉市场"成为人们耳熟能详的词语,一些边缘与弱势群体逐步得到人们的关注。快手为乡村用户提供了传达声音的内容平台,拼多多、农村淘宝聚焦乡村群体的消费需求,挖掘新的流量。城乡之间的差异正在通过各种社交媒体、购物平台弥合,数字化的工具突破了物理空间,实现了城乡之间超时空的交汇。

"果然是练过的,修长的鸡腿,肉质坚实,味道很好。红烧,还加了豆腐皮,全抢光,光顾着吃,都忘记拍照了。鸡爪带着跟踪器,扫码进去看看,鸡的生活原来那么好——比人间的小康也差不多。"

"京东快递特别快,第二天就送到了,看到评价说特别好,就趁着搞活动来买,鸡爪带的跟踪器还在,能扫码看到详细的步数,果然是公鸡中的战斗机。"

上边两段是购买京东推出的"跑步鸡"的消费者的评论。网红"跑步鸡"背后隐藏的高科技就是鸡爪上的跟踪器,这是数字化产品运用于农业生产的典型事例。跟踪器以一鸡一码的形式存在,从农户养殖、京东电商对成鸡回收,再到消费者手中,整个养殖、流通过程都可以被溯源。

"一鸡一码"实际上就是未来物联网的一个雏形。城市居民在京东上购买的鸡,和以往一样,都是农村养殖的。不同的是,鸡爪带的跟踪器给城市居民提供了农村养殖时鸡的运动步数等数字信息。城乡之间的二元结构是已经存在的事实,我们要完成城乡之间的一体化,最重要的是实现城乡经济一体化,也就是说,农业生产和城市里的商业消费,不应该是相互孤立和割裂的。"跑步鸡"这种产品模式有效连接了农业生产、商家经营、城市消费者三者。相信随着数字化技术在农村落地,农村农业落后的局面终将改变。因此,数字化将是城乡统筹的工具和助手。

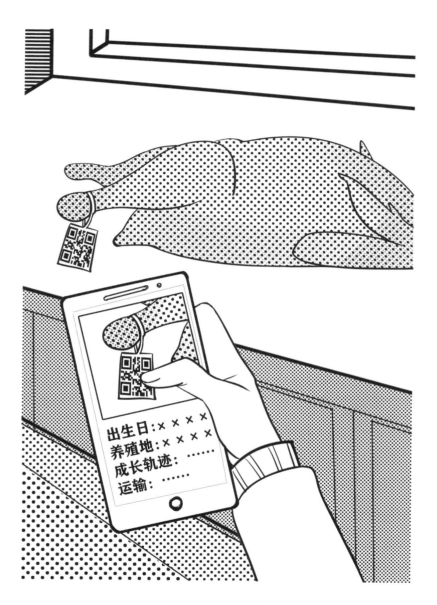

一只鸡的数字身份证

一、数字是城乡二元结构的介质

我国的城乡二元结构是由古代的国人和野人制度演变而来的。西周时,周王朝施行国野制度,又称乡遂制度。古时候的国,其实就是一座城,国人指住在城里的人;野又称遂,即城外的广大地区,野人就是居住在那里的人,即农村里的人。周王朝之所以划分国人和野人,是为了对不同身份的人采取不同的统治政策。

国人可以享受特定的政治经济权利,甚至在关乎家国存亡的国家大事上,国人的意见和建议也经常会被听取。同时,国人享有平均分配的土地,需要按时缴纳军税,并有在国家征兵时挺身而出的责任,也因此成了国家政治和军事上的支柱。野人则主要从事生产活动。

新时期,这种二元结构有了新的存在形式,内涵和性质也发生了质的改变。新的城乡经济形态,从单一的农业经济形态转变为以高品质农业为基础,农、工、贸、文、旅深度融合发展的多元经济形态。以往的农业生产行为都是农民自发的,盲目的,祖祖辈辈种什么,我们就种什么。随着互联网时代的到来,我们参考了大数据。数据告诉我们周边城市人口购买农副产品的需求,然后指导农民基于本地土地资源特点调整种植结构,提高作物的品质。同时根据黄金周的出行数据,开发深受游客喜爱的特色原生态农产品。

未来乡村互联网和现代技术的普及应用,还将模糊城乡间的地域和产业界限,将原本单一的农业经济演变为农业与农产品加工业、休闲旅游业、文化创意产业融合发展的农、工、商综合业态。随着互联网和现代基础设施的逐渐完善,城市对乡村的了解渠道变得多元,城市人对乡村的了解越多,就越向往田园生活,渴望良好生存环境和健康食品。乡村的价值被重新定义,乡村的经济和社会结构发生重要变化。

数字化的应用,使得城市和乡村原本在物理空间上的界线变得更加模糊。原来的城乡存在行政区划上的现实界限,而突破这个界限的城乡往来只能依靠现实世界里的交通工具。今天,农村人通过淘宝和京东可以购买到和城市人所拥有的一样的产品,同时农村人也可以通过这些平台向城市售卖农业产品,通过数字电视享受到一样的电视节目。智能手机提速降费使得农村人也开始刷抖音、快手,通过现在丰富的

资料链接

　　企鹅智库表示,互联网人口红利的增长并未停滞,边缘和远方才是未来。2019年3月,中国移动互联网总时长同比增量208.4亿小时,55%的增量来源于下沉市场。据《2019—2020下沉市场网民消费＆娱乐白皮书》显示,下沉市场线上娱乐时间长,短视频行业增长快,综合电商增量大,且下沉市场移动支付普及、网购频率高、旅游需求旺盛。下沉市场蕴藏着无限的金矿,这已不是秘密。

社交媒体,城市人和乡村人可以共享资源,进行互动。城乡身份因数字化媒介的普及变得更加模糊。

二、农民工的数字机遇

城乡统筹,说到底就是农村和城市协调发展,在现在的形式下就是做好工业反哺农业,城市反哺农村的发展。然而发展是离不开人的,农民工作为一个特殊群体,是游离于城市和乡村之间的特殊人群,具有城镇和乡村的双重身份属性,做好农民工数字化是城乡统筹的一个突破口。

农民工这个身份不是古而有之的,国外也不存在这种职业称呼。农民工的形成是中国城乡二元户籍制度和改革开放共同作用的结果。农民工从户籍属性上来说属于农民,但是他们在改革开放的40年里却发挥着工人的社会属性和经济属性。农民工在城市经济建设、农村脱贫、城乡人口转移等诸多社会问题中都发挥着作用。截至2020年,我国农民工总量已经达到28560万人,是我国产业工人的重要组成部分。农民工基数大,并发挥着重要的经济建设作用,是城乡统筹的主要矛盾,做好农民工数字化工作就做好了城乡统筹的关键一步。以下是近些年数字化对农民工生活和工作带来的改变。

农民工工作难、讨薪难,然而这些在今天都可以借助数字化技术来解决。为解决建筑行业农民工工资拖欠这一社会问题,广西壮族自治区住房和城乡建设厅与银行联合打造数字化服务平台,开发"桂建通"实名制工资卡业务,农民工通过办理"桂建通"进入这一平台。自从 2018 年 11 月以来,该平台已经实名录入了 50 万农民工,发放"桂建通"工资卡超过 35 万张。

解决拖欠工资的第一步是通过"刷脸"的方式来考核工作量。农民工走向工地考勤机,在摄像头前面停留 2 秒,考勤完成,闸机自动打开,他就可以开始一天的工作。

在刷脸上班之初,农民工可能会觉得很麻烦,甚至排斥,但是他们很快适应了这种考勤方式。一名农民工说:"这种上班方式,可以准确核实出勤和工作量,只有这样,工资发放才可以有保障。"

解决好农民工工资拖欠问题实际上有两大难题。一是以往的考勤模式是模糊的、不规范的。工作时间不准确,考勤数据使用纸制报表,没有进行数字化,所以政府监管部门监管难度大。二是以往发放工资流程烦琐,不规范。工资由企业发放到一线工人手中,要先后经过分包单位、分包单位工长等,整个流程缺少监管,经常会出现用人单位工资已经发放,但是工人没有得到工资,或者说没有拿到足额工资的情况。

刷脸上班不同于一般的刷脸考勤。一般的刷脸考勤是企业内部为了提高签到效率和准确率而采取的企业行为。而农民工刷脸上班的背后是"桂建通"数字平台。这个平台把用人单位、农民工以及提供服务和监管的住建厅有效地连接在一起,形成一个小的数字化生态闭环。每天上班刷脸打卡,刷脸信息会被实时上传到"桂建通",通过这样的线上平台,农民工可以知道自己每月的工资是多少,并且在每月底可以根据手机 App 了解自己的收入,同时工资安全发放,少了很多环节,用数字化手段赋予农民工保障。

保罗·莱文森在《手机:挡不住的呼唤》中说:"费劲的电脑使用技能,再加上缺乏连接电脑的电话线,有些地方就产生了电脑和网络的富人和穷人。国家之内有地区差别,国家之间也有差别 …… 真正开始抹平数字鸿沟,那还要等到手机问世之后。"基于手机的数字鸿沟比其他设备更容易抹平。这主要是因为手机通信的基础设施建造比当年的电话电路成本低很多。跨越手机数字鸿沟,我们需要的是通信卫星或者陆地发射塔,这些信息基础设施的建造或租用成本较低,再加上国产设备智能性能的不断提升和价格的不断亲民化,使得中国手机的普及率能够持续快速增长。

过去农民工上网条件和运用网络能力水平相对不高,在信息时代处于弱势地位。但近几年,农民工结构开始发生变化,80 后、90 后成为农民工的主力人群。新生代的农民工相对于老一代农民工文化层次更高,能够接受新生事物,如对新媒体的认知和利用,信息时代的弱势地位开始得到缓解。很多农民工利用社交平台,如 QQ、微信等,建立招工群,在群中分享工作信息。同时,招工者加入群中,发布招工信息。吉林农业大学传播学系大学生创新创业项目《新生代农民工求职数字化平台建构研究》的问卷统计结果显示,有 64.1% 的农民工通过招聘网站获取招聘信息,4.7% 的农民工通过招聘类 App 获取招聘信息。解决好农民工数字化问题,也就解决了社会诸多问题。

三、工农业的数字机遇

工农业数字化是一个抽象的概念,我们举个例子,看看工农业数字化是如何成为城乡统筹的倍增器的。黑龙江和新疆这两个省份在农业上有着共同的特点:耕地面积大且集中成片,农业劳动力不足。城市提供的数字化无人机在农业生产上的运用,可以有效解决这一突出矛盾。下面就从国内领先的无人机公司极飞科技的无人机喷洒农药报告,来看看工业数字化怎样助力现代农业发展,进而加快城乡协调发展的步伐。

从农户电话下单,到两架无人机完成百亩农田喷洒农药作业仅需 2 小时。极飞科技的技术人员表示,极飞科技以新疆为其业务开展的突破口,在尉犁县城设立 6 个服务网点、500 名无人机操作工人和其他基层工作人员。极飞科技在该县城所有的工作生产调度都由运营中心负责。极飞科技以新疆为起点,业务覆盖大半个中国。极飞科技是怎样做到这些的呢? 它把工业数字化产品和农业生产需求这两点进行有机结合,做到了工业数字化助力农业现代化,为实现工农业数字化发展服务,是统筹城乡的助推器。

首先极飞科技的发展是对工业化发展水平的提高。该企业的科研总部设立在工业发展很成熟的广州,在这里它可以获得生产要素、科技人才、现代技术、完整的产业链配套企业、丰厚的资金源。其次是把市场的着力点放在新疆,因为新疆的农业特点可以使得市场和产品服务实现有机结合。

极飞科技利用无人机、A2智能手机端、无人机配套及辅助设施(智能气象站、智能电池、药箱)、监控调度管理系统,将工业产品、农业生产、工人、农户通过数字化这个闭合的环形链条有机地串联起来。这是典型的工农业数字化结合的例子。

工业数字化进步的代表产品——无人机,被应用于农业生产和农业管理,大大提高了农业生产效率,减轻了农民作业压力,同时也催生了服务于农业生产的高科技数字化企业。城乡统筹最重要的是做到工业和农业融合发展,统筹并不能单单局限在城乡差距的缩小上,更重要的是实现两者高水平的共同协调发展。数字化则是两者高水平发展的倍增器。

城市以工业生产为主要生产方式,农村则以农业生产为主要生产方式,做好城乡统筹,说到底就是做好工业和农业的协调和可持续发展。城乡统筹,是要把城市跟乡村看作一体,以这种思考方式来引导、带动城乡经济共同发展。首先,工业要通过数字化,对农业起到一定的支持、促进和带动作用。其次,通过数字技术,改善农村居民的生活条件以及生产条件。这样,继续留在农村的人口,就能够更加高效地从事农业生产,享受更好的公共基础设施服务。

工业在世界各国都占据着极为重要的地位,无论是科学技术的创新、国民经济的发展,还是经济社会的稳定,都离不开工业的快速发展。但随着市场竞争的加剧,提高生产力水平成为当前需要应对的一大难题。为了提高工业生产力水平,我们需要实现工业数字化,也就是利用创新软件、自动化技术等手段,来提高工业生产的效率,如此就可以利用更少的时间和资源来完成商品的生产,降低生产的成本,保持企业自身的竞争优势。这是工业数字化对工业发展,乃至对社会和国家带来的重大影响。

同样,农业也是国民经济的重要组成部分。农业数字化,要利用现代信息技术,提高农业生产效率。不仅要改进现代化农业装备,还要采用现代化农业科学技术,在农产品的生产过程中,全面实现数字化控制。农业生产过程的数字化控制,会使得某个区域甚至是整个社会的农产品生产效率大大提升,从而节省更多的人力和物力,使得更多的农业人口能够转移到非农领域来。因此也能够促进城镇化和工业化的发展,使城乡经济一体化得以加速实现。

无论是农业,还是工业,这两大产业的数字化,都能够大大提高劳动效率,满足人民日益增长的消费需求,因此通过数字化实现工农业的协调发展显得尤为重要。数字化农业需要科学技术作为支撑,工业发展又能够进一步推动农业科学技术的发展,以此形成良性循环,统筹城乡发展,带动整个国家和社会进步。

第三节　数字是群体融合的手段

💡 你知道吗？

　　数字社会使得人们的生活和工作被网格化，每个人都是网中的一个节点，但是这并不代表每个人都是孤立存在的，我们都会因为某一条线被串联起来，成为某个群体的一员。这种网状结构并不是线性和垂直的，而是相互渗透的、立体的。数字是这些网线的介质。我们通过这样的网，可以与不同群体产生交集，并因为交往的频率和交往的需求逐渐走向融合。这个网状结构会变得动态化，而不是静态的。

　　数字革命和之前的几次工业革命一样，它催生出很多新兴职业，同时也产生了以数字化为依托的数字化企业。不同的群体产生后又建立起新的关系链条。

一、数字化促进不同职业群体融合

　　小白（男）今年20岁，初中毕业后，在工厂工作过，由于不习惯早八晚五的工作状态，就辞去了工作。最近干起了美团骑手的工作,这份工作时间自由,且不需要过多的技术和学历要求,只要肯吃苦,收入就可观。

小美(女)今年 27 岁,大学毕业已经有几年了。经过几年职场的打拼,如今在本市最高档的写字楼上班,是一个不折不扣的白领。

小白:"小美姐,你的外卖到了,出来取一下!"小白的语调显得格外熟悉和亲切。小美急忙走出办公室,来到前台,说了句"谢谢小白,辛苦了"。

这两个素不相识的人如果没有美团外卖这个数字平台,估计永远也不会发生交集。

数字化催生了多种新兴行业和职业人群。中国的快递行业从业人员在 2018 年就突破了 300 万,年行业服务客户超过 700 亿。两大送餐巨头 —— 美团外卖在 2019 年 1 月发布的骑手就业状况显示,其骑手数量高达 270 万;饿了么发布的《2018 年外卖骑手洞察报告》显示,其注册骑手有 300 万。由中国人民大学劳动人事学院课题组撰写完成的《滴滴平台就业体系与就业数量测算报告》显示,2018 年,滴滴平台在国内共带动 1826 万个就业机会,其中包括网约车、代驾等直接就业机会 1194.3 万个,还间接带动了汽车生产、销售、加油及维保等就业机会 631.7 万个。除了带动国内就业机会,滴滴平台积极响应国家"一带一路"倡议,在"一带一路"沿线国家创造了超过 93 万个海外直接就业机会。

数字化时代产生的新兴职业,不仅职业群体的数量大,还重塑了不同职业群体之间的联系方式。这种联系和交往的特殊性表現為不存在雇佣和被雇佣的關系，而是作為建立在數字化鏈條上的兩個節點，既相互獨立，又因為業務的產生而發生交往。像小白和小美這樣的不同職業群體之間的聯系，在互聯網時代如同雨后春筍，比比皆是。開車司機和乘客之間、遠在千里之外的淘寶商家和其素未謀面的購買者……他們正用着淘寶體的溝通方式："親，在呢！"

數字化改變了社會原有的線性、垂直的人際關系，也淡化了職業群體之間的邊界。同時，互聯網世界正在以數字化為介質，編織一張更大的網絡，小白、小美、淘寶商家、淘寶買家、快車司機、快車乘客都是這張網上的一個個節點，并在某天的某個時刻因為某種行為而產生交集。

二、數字化促進不同文化群體融合

在中國二線城市里的一個普通家庭，有一個 5 歲的小女孩，每周都會通過手機和一個來自大洋彼岸的美國人學習英語。這就是 VIPKID 帶給教育的改變。在以往的社會中，這種教育方式是不可能實現的。然而如今，這種東西方文化的碰撞則發生在一個成年美國人和一個中國小孩身上。

VIPKID 發布《北美外教大數據報告》稱，截至 2018 年 8 月，VIPKID 北美外教數量超過 6 萬，到 2018 年底，北美外教數量將達到 10 萬，再度刷新全球在線教育領域的峰值。VIPKID 表示，未来还将吸引更多优秀的外教师资,以更好地为中国小朋友提供英语教育服务。

对很多人来说,10万在线外教可能没有一个直观的感受,那么我们从另外一组数字来看10万的意义。10万这个数字超过目前我国在册的所有外籍教师的总和。一个在线教育平台能够有如此大的数量优势,这颠覆了我们原有的观念。10万北美外教通过VIPKID平台为中国50多万小朋友提供线上英语教育服务。在学习过程中,北美外教和中国小朋友这两个由于物理空间而不能见面的文化群体建立起了浓厚的师生情,外教会把学习用品和玩具从北美邮寄到中国小朋友手中,小朋友也会给外教邮寄带有中国元素的礼物。数据显示,中美师生互送了超过5万件礼物,大大增进了文化交流。

身在北美的10万外教绝大多数没有来过中国。通过VIPKID平台,在教中国小朋友的过程中深入了解中国后,来中国旅行成为外教们呼声最高的愿望。调查数据显示,67%的外教表示来中国后,第一件事就是想见见自己教过的学生,有21%的外教通过小朋友的介绍,对中国的名胜古迹充满向往,还有12%的外教表示一定要去品尝中国特色美食。

数字化打破地域和时空限制,建立了新的联系方式,促进了不同文化群体的融合。

微博是社会中各类知识分子聚集、具有意见领袖市场、基于内容的社会化媒体。微博这款产品已经远远超出了它本身的商品属性,更多呈现给我们的是其社会性。微博中的大事件已经开始影响着社会各个文化群体对于社会建设的思考。

2019年6月17日,曾轶可在新浪微博发文,称遭到首都机场工作人员的刁难,随后还晒出了机场工作人员的工牌。此条微博一出,引起了社会各文化群体的热议。各个文化群体在自由表达意见的过程中,推动事件细节及真相的公布。

曾轶可称自己通过了机器自助查验,却被对方勒令摘掉帽子,还被叫进房间录像教训。她一度怒斥该工作人员滥用职权,应该受到处罚,还把工作人员的工牌给晒了出来,并表示需要通情达理的机场工作人员,不需要这种蛮横无理的人。但故事很快迎来反转。很多网民怼她说:"把边检人员当服务人员是无知吗?还是你就是想让人家提前退休?""微博从头到尾的语气都是盛气凌人,就差给你一路开绿灯了呗!"

在"曾轶可机场事件"讨论中,除了有大量粉丝的评论,还有一些关于法律问题和伦理问题的讨论。截至6月24日,曾轶可的微博评论达到7.6万,转发达到1.7万。评论可以分为几类:第一类来自曾轶可的铁粉,无论真相如何,都相信和支持曾轶可;第二类批评曾轶可个人素质较低,并延伸到演艺圈的其他演员素质问题;第三类是对此事件持保留意见,期待更多细节被公布,并呼吁对当前的事态发展及处理的结果找出相应的法律依据。

此事件的围观者虽来自法律、文化界等不同领域,但他们对待事情求真的态度高度一致,并提出了诸多意见和看法。微博这种数字化的社会化媒体的产生,给社会各个文化群体的知识分子提供了一个民间舆论场所。在这个场所中,各群体通过发表意见、相互探讨和争论,最终达成意见的合流,完成文化群体间的相互融合。

三、数字化促进不同年龄群体融合

整个家庭当中一般会存在老、青、幼三个年龄层。微信给出的数据是,截至 2018 年 9 月,微信总体活跃账户数达 10.82亿,55 岁以上账户数有 6300 万。

那么我们就看看各个年龄群体之间是怎样通过微信这个软件进行群体融合的。

在微信用户中,几乎每个人都有一个或多个以家族关系为纽带建立起来的微信群。这样的微信群有明显的特点:进群的标准是满足一定的血缘关系,而与社会地位、年龄、职业经历、业务往来没有任何关系。这种群中,最有话语权的往往

资料链接

费孝通先生在《乡土中国》一书中提出"差序格局"的概念,指"以'己'为中心,像石子一般投入水中,和别人所联系成的社会关系,不像团体中的分子一般大家立在一个平面上,而是像水的波纹一般,一圈圈推出去,愈推愈远,也愈推愈薄",这样的关系是以宗族、亲属、血缘关系为介质的。而微信所建构的关系与人们现实中的社会关系十分相似,都是围绕"我"形成的一个个不同层次的社交同心圆。

是该群里面辈分最高、年纪最长者,这和过去现实生活中的家族会议似乎一样。

城市化进程加快了,随着人们住进一幢幢格子般的楼房,以往城市中以家属大院、四合院维系的社交关系被瓦解。但是在虚拟世界中,人们通过微信群的方式,把在现实生活中被割裂的人重新聚集在家族群里。

在家族群中,最受尊敬的依然是年长者,最受关爱的依然是年纪最小者。这样的方式完全符合中国的传统——尊老爱幼。群中每天的议程是比较随机的,基本上是有什么就谈什么。在群里,健康等话题的发起者多为老年人,其他群成员以此展开讨论,并最终给出建议;而年轻男性多数提工作上的问题,最后老者在群中给年轻人提意见和见解;年轻女性多会提及子女教育、购物等问题。除了这些现实问题,微信群中也会有轻松幽默的消遣性消息,成员之间无须考虑话题是否严肃等问题。家族群在重大节日期间变得尤其活跃,微信拜年成为拜年的主要方式,长辈可以给晚辈发红包,晚辈可以给长辈发拜年祝福,还会有大量的拜年表情包。微信改变了人们的生活,打破了地域和时间限制,打造了一个全新的沟通方式,从而促进不同年龄群体之间的融合。

第四节　数字是家庭代沟的桥梁

 你知道吗

　　家庭代沟产生的根本原因是家庭中的不同年龄人群对事物的理解和接受能力存在差异。家庭成员缺少共同话题，导致沟通障碍、认知不均。数字化带给家庭成员新的信息，同时又提供了新的话题，是解决家庭代沟的桥梁和纽带。

一、数字反哺

　　非网民不上网的原因中，不懂电脑和不懂拼音等文化程度限制共占 67.1%（见图 3-3）。可见，使用新兴媒介产品的能力差异

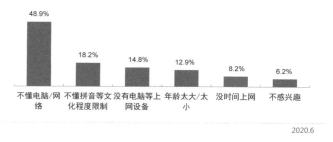

2020.6

图 3-3　非网民不上网原因

127

是造成数字鸿沟的主要原因。

你的父母玩微信吗？会网购吗？能用打车软件叫车,用 12306 买火车票吗？再上一代呢？随着数字化日渐渗透生活每一个角落,数字鸿沟不只出现在城乡、东西部之间,还出现在一个家庭的低头族和银发族之间。

由于历史原因、教育发展的历史局限性和地域差异,导致社会不同人群对知识的掌握程度存在显著差别。这里的知识不仅指掌握一定的常识和认知,更重要的是指运用新兴的数字化媒体产品技术的能力。

《第四次中国城乡老年人生活状况抽样调查》结果显示,2015 年,仅有 5.0% 的老年人经常上网,在城镇老年人中,这一比例为 9.1%,城镇低龄老年人经常上网的比例也只有 12.7%。《中老年人使用互联网情况调查报告》的数据显示,约 33.3% 的老人常在上网时遇到困难,偶尔遇到困难的占 51.7%,两者相加也超过八成。以微信、QQ、微博等为代表的即时通信工具改变了不少老年人的人际交往方式,让已经退休的他们有了更大的交际圈子。但由于老一辈长期处于信息匮乏的状态,在刚刚接触网络世界的时候,他们对网络信息感到无比新鲜,并不在意信息的来源和真伪,只关注信息本身,成了传递和传播虚假信息的推波助澜者,尤其是老年人最关心的健康话题,只要是网络上传播的,他们基本上全盘接受,并且分享给其他人。他们对垃圾信息和无效信息的容忍度远远高于人们的想象。《我国公众网络安全意识调查报告

（2015）》显示,60 岁以上老人在遭遇网络诈骗时,"不知道如何处理"的比例高达 34.08%。

所以,家庭里的晚辈需要对老人进行数字反哺,不仅要教会老人掌握新兴媒介产品的使用方法,还要教会他们在网络世界里辨别信息的本领。

二、数字关爱

今天社会变革和变化的速度是以往任何时代都不能比的。电子产品的迭代、网络速度的提升,使你稍稍不经意就有可能搭不上时代的高速列车。我们在搭乘时代列车的同时,也要帮助周围的人和家人。

数字关爱是指在数字化社会中关心和关爱那些在数字化产品使用上存在生理障碍,或由于社会发展不平衡及其自身掌握知识能力有限,造成数字化产品使用障碍的人。此类人群多数是老年人、残障人士、文化水平极低的人群（比如不会汉语拼音者）或是没有识字能力的儿童。

表 3-1 中老年人对互联网各方面功能的使用

互联网功能		会用人数比例
知识获取	微信或上网看新闻和资讯	75.8%
	关注公众号 / 订阅号并浏览文章	45.9%
	上网搜索信息、新闻	56.6%

续表

互联网功能		会用人数比例
微信交流	微信聊天	98.5%
	微信里发表情、图片	81.8%
	微信里拍和发小视频	68.9%
	微信朋友圈点赞、评论	81.6%
	微信接收或发红包	83.0%
生活应用	网上交手机话费	40.6%
	网上交水、电、煤气等生活费用	22.1%
	网上购物	32.6%
	网上挂号	12.1%
	网上订火车票、机票	15.4%
	网上订宾馆	11.6%
	用手机软件(如滴滴、快车)打车	25.8%
	手机导航	33.1%
	手机支付	51.5%
	微信小程序	22.0%
娱乐休闲	使用全民K歌、唱吧等娱乐软件	16.4%
	使用手机收听节目,如喜马拉雅FM、懒人读书等	19.0%
	用手机看视频,如腾讯视频	59.3%
	手机上制作相册	25.0%
	制作微信表情包	20.0%

(数据来自中国社会科学院社会学研究所、腾讯社会研究中心、中国社会科学院国情调查与大数据研究中心于2018年3月发布的《中老年互联网生活研究报告》)

如上表所示,在知识获取方面,75.8%的中老年人会上网看资讯,有56.6%的人可以主动地去搜索信息。值得注意的是,有

45.9% 的中老年人会关注和浏览微信公众号中的文章。

在微信交流方面,绝大多数中老年人(98.5%)都会用微信聊天,超过八成的中老年人会在微信中发表情或图片、在朋友圈点赞、接收或发红包,近七成中老年人会拍和发小视频。这和其他年龄段的人群差距很小。

但在生活应用方面,中老年人应用网络的比例相对较小,四成会在网上缴纳手机话费,三成左右会网上购物,会用手机导航,四分之一左右会用打车软件或是缴纳水、电、煤气等生活费用,而会使用网上挂号、订火车票和机票、订宾馆这些便利服务的中老年人所占比例很小。这和老年人的可支配时间长于其他社会群体有很大的关系。

《第四次中国城乡老年人生活状况抽样调查》结果显示,中国城镇和乡村的人均收入都有所增长。其中城镇老年人人均收入23930 元,农村老年人人均收入 7621 元,比 2000 年提高 16538 元和 5970 元,去除价格因素,城镇老年人收入年均增长 5.9%,农村老年人收入年均增长 9.1%。从这组数据看,中国老年人的经济状况是有很大改善的,也就是说,可支配收入是有所提高的,老年人存在着很大的消费潜力和消费需求。老年人的闲暇时间比较多,同时也普遍存在社会孤独感。所以老年人一旦掌握了上网技能,便是一个上网时长超长的群体,也给网络诈骗者提供了可乘之机。因此我们在解决老年人上网难的问题的基础上,要提高老年人的网络防诈骗、防风险能力。我国中老年人的网络安全素养

资料链接

关爱老年群体，围绕老年人出行、就医、消费、文娱等高频事项，推动老年人享受便捷化、智能化的服务，这是全社会的共同目标。《关于切实解决老年人运用智能技术困难的实施方案》提出要做好突发事件应急响应状态下对老年人的服务保障，便利老年人日常交通出行、日常就医、日常消费、文体活动、办事服务、使用智能化产品和服务应用，这些措施体现了国家和社会对老年人的数字关爱，比如：为不使用智能手机的老年人设立"无健康码通道"，推进"健康码"与身份证、社保卡、老年卡、市民卡等互相关联，逐步实现"刷卡"或"刷脸"通行；公共交通在推行移动支付、电子客票、扫码乘车的同时，保留使用现金、纸质票据、凭证、证件等乘车的方式；推动大字版、语音版、民族语言版、简洁版等适老手机银行APP的开发；通过老年大学（学校）、养老服务机构、社区教育机构等，采取线上线下相结合的方式，帮助老年人提高运用智能技术的能力和水平。

相对西方发达国家较低，所以在对中老年人的网络信息甄别、个人信息保护方面，要格外关爱。

三、数字家庭

数十年前，电视机刚刚在中国家庭普及，你经常会看到这样的场景：晚饭过后，全家人都坐在客厅中观看电视节目。但是今天的三代之家常常会是这样的场景：老人独自坐在客厅里看新闻联播或是拿着老花镜翻看报纸；家中的女主人拿着手机在淘宝直播上看心仪很久的衣服；男主人翻看着微信朋友圈，时不时发一条动态，刷一下自己的存在感；孩子则玩着游戏。这样的变化是不是数字化时代到来的结果呢？答案极有可能是肯定的。数字化时代到来后，家庭成员之间没有做到数字关爱，各自孤立、互不关心，家庭关系被各自的偏好割裂开。

数字家庭不是家庭成员都掌握了运用现代数字化设备的技能那么简单，数字家庭是家庭成员以数字化为载体和介质，对网络社会中的信息资源和信息产品都有相应水平的认知。比如在一个三代家庭里，媳妇和婆婆可以因为网络上某个品牌的服饰，进行家庭成员之间的交流，获得以往在实体店里的购物享受；父亲和儿子因为心血来潮组队打游戏，增进父子之间的感情，同时也缩小了父子之间的代沟；家中的长者由于在手机端看到了最新发生的重大事件，以此为话题和家里人一起谈论事情的发展和其社会影响。数字化不应割裂家庭成员之间的关系，而是带给家庭成员更多的谈资，促进家庭成员的融合，使得家庭生活更加幸福。

家庭的数字鸿沟在前文已经提及。因此，数字家庭应是家庭成员在信息社会中保持家庭和谐的保障，同时也是适应时代发展的必然需求。网民在家庭中有大量的上网时间，应通过家人的共同行为，寻求共同爱好和共同话题，弥合数字鸿沟，最终达到家庭和谐。

第四章

青少年数字素养的提高

主题导航

① 家庭数字融合意识

② 社会数字共享心态

③ 世界数字发展襟怀

　　数字化时代，人们生活在技术所带来的复杂的信息环境里，青少年的数字素养成为媒体和社会不容忽视的成长议题。对信息的选择能力、质疑能力、理解能力、评估能力、创造和生产能力以及思辨能力是青少年亟须补充的，但青少年数字素养的培育绝非一家之事。

　　人的本质是一切社会关系的总和。青少年数字素养的提高不仅依赖于自身的努力，更与家庭的数字融合心理、社会的数字共享态度、世界的数字发展前景息息相关。在数字时代，青少年要会甄别、愿接纳；长辈要打开视界、乐于融入；社会应在各群体间发扬数字共享的理念；国家、企业和生活在这片土地上的每个人都要以国际化的视野去看待全球的数字传播。

第一节　家庭数字融合意识

你知道吗？

　　我们从小生长在数字环境里，称得上是"互联网时代的原住民"，而我们的长辈从没有互联网、没有手机的年代走过，对新兴的数字媒体或许并不熟悉。小辈和长辈之间似乎天然地存在着一条鸿沟，在对数字媒介的使用能力、彼此开放程度上有着较大差异。

　　你的微信朋友圈屏蔽了父母吗？QQ空间是不是不对父母开放呢？当长辈在使用数字媒体上遇到困难的时候，你是耐心地和他们沟通，还是不太理会呢？事实上，开放、互助是互联网原生的理念，这种理念不应被年龄、代际、群体所改变，打造和谐、包容的互联网生态才是我们应该持有的愿景和使命。

一、帮助长辈提高数字能力

　　2019年12月2日到2019年12月10日，一项关于青少年数字心理的调查"青少年数字心理与家庭关系"在武汉展开。武汉外国语学校美加分校国际高中部 17 级的一个学生作为主要研究者参与了问卷设计、回收、统计和结论分析,以武汉外国语学校美加分校在读中学生为主要调查对象,共回收有效问卷 141 份。

调查显示,在"你是否主动帮助父母学习新的手机软件"这个问题上,有 81 个青少年偶尔主动帮助父母,占比为 57.45%;从未主动帮助过父母的样本比例是 34.75%;经常主动帮助父母的仅占有效样本量的 7.8%。如下图:

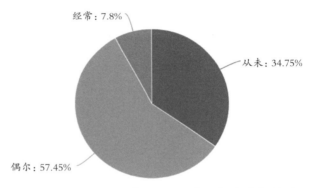

图 4-1　你是否主动帮助父母学习新的手机软件

虽然经常主动帮助父母学习新的手机软件的比例仅有 7.8%,但是表示自己愿意帮助父母学习和掌握新的手机软件的青少年达到了 81 人,占 57.45%;34.75% 的青少年表示非常愿意;表示自己不太愿意或不愿意帮助父母学习和掌握新的手机软件的青少年分别只占样本总量的 5.7% 和 2.1%。如下图:

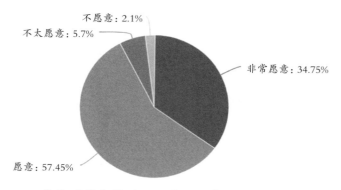

图 4-2　你是否愿意帮助父母学习和掌握新的手机软件

　　总结分析可知,虽然绝大部分青少年很少甚至从未主动帮助父母学习新的手机软件,但是超过九成青少年愿意帮助父母学习新的手机软件,也就是说,绝大部分青少年在心理上是有与长辈保持开放融合的意愿的。

　　2012 年 8 月份,全国老龄办等发布了新"二十四孝"行动标准,倡导天下子女孝敬父母,要做到:节假日尽量与父母共度;为父母举办生日宴会;亲自给父母做饭;教父母学会上网等。在互联网成为我们生活的一部分的今天,缺乏信息素养的老年人被边缘化,在某种意义上成为新时代的弱势群体。他们可能不会操作智能手机,不会使用移动支付,不会网购等,这些年轻人的日常操作对他们来说非常困难。老年人对移动设备知识的缺乏,也削弱了他们与当前社会和时代的连接。我们在追随时代和科技潮流的同时,需要留心一下在互联网时代显得"迟缓"的老年人。我们可以教给他们最基础的微信使用方式,帮助他们更好地融入互联网时代,和他们一起享受科技带给生活的便利。

有网友在微博上说,自己的大学同学为了让父母学会使用微信,专门制作了一本手绘的微信说明书。在这本手绘的说明书中,他用箭头标注出微信每个图标的具体功能和使用方法,再用不同颜色进行强调和区分(见图4-3)。这感动了很多网友,有网友大赞其"很有爱",更有许多网友想要微信手绘教程的原版去送给父母。

尼葛洛庞帝曾提出,"数字化生存"是现代社会中人们在数字化的生存空间中应用数字技术的新的生存方式。在这样的信息化环境中,人们的生产、生活方式、思维和行为都呈现出新的面貌。家庭结构中的长辈与如今成长于 Y 世代、Z 世代的年轻人不同,由于上网水

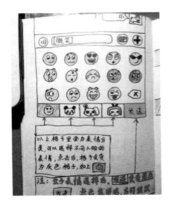

图 4-3

资料链接

在中国,人们一般把不同时代的人归为"xx后",如80后、90后、00后。在美国,人们通常会把不同时代的人按X、Y、Z划分。X世代为80前,也有指65—80这个区间的。Y世代为80后、95前,即80—95这个区间。Z世代为95后、00后,即95—10这个区间。不同时代的人由于成长环境的差异,会呈现出不同的价值观和消费观。

平较低,对网络用语不了解和缺乏指导,他们与年轻人之间存在网络信息使用、应用水平上的差异。

在信息爆炸时代,大部分长辈由于缺乏信息知识,对互联网技术没有时代性的理解和掌握,不具备对有效信息进行选择和解读的能力。有些长辈不加批判地全面接受微信等社交、资讯软件传播的信息并将其转发,热衷于各种成功学、养生文和心灵鸡汤,甚至成为谣言传播的一环。

伴随互联网成长起来的 Y 世代和 Z 世代的青少年,在现实和虚拟空间中都诠释了数字化生存的本质,所以青少年在提高自身信息素养,加强自身信息技术知识、技能以及信息伦理等方面的同时,也可以凭借自己较强的数字能力,帮助长辈在基础技术、数字思维等层面提高网络素养和数字能力,规避一些网络风险。

首先,在技术层面上,青少年可以帮助长辈学习信息技术,指导长辈便利、自如地运用数字技术,将其运用于工作、生活、娱乐等领域。在基础的生活社交软件方面,可以指导长辈学会基本的聊天和阅读、订阅功能,掌握基本的数字工具技能和知识。青少年平常也可以多利用数字工具与长辈进行沟通和交流,增进双方感情,促使长辈转化为数字公民。

其次,在网络风险方面,隐私管理和虚假信息辨别尤为重要。由于长辈对网络信息方面的经验和思考不足,很可能难以区分真假信息和良莠内容,缺乏辨别能力,如其微信朋友圈经常出现健康谣言或虚假信息等。在隐私管理上,理性判断并保护在互联网

资料链接

美国社会学家格兰诺维特在关于找工作的研究中发现，提供工作信息的人与找工作的人往往是弱关系。他据此首次提出了关系强度的概念，将关系分为强关系和弱关系。强关系维系着群体、组织内部的关系，弱关系在群体、组织之间建立了纽带联系。通过强关系获得的信息往往重复性很高，而弱关系比强关系更能跨越其社会界限，去获得信息和其他资源。

在互联网社交类产品中，典型的强关系社区有 Facebook、微信等。在强关系社区中，由于人们之间已经有了一份固定的情感基础，所以社交的重点是人。典型的弱关系社区莫过于豆瓣、微博等，在这一类社交产品中，人与人之间的纽带相对复杂，人们更多关注信息的质量。

上的个人和他人信息也十分重要。以微信朋友圈为例，随着微信"泛关系化"社交倾向的转变，微信中弱关系好友增加，不少用户对此类好友的基本信息不了解，在信息交换的过程中可能面临不对等的情况。在这样的情形下，如果对微信朋友圈缺少边界管理或隐私保护意识，很容易泄露个人信息。青少年可以帮助长辈学习并加强自身的隐私意识和批判意识，对自己的网络信息加强保护，分清"私人领域"和"公开领域"的界限，不断辨别和界定信息的边界规则与真实性。

　　另外,青少年与长辈可以在信息素养和数字素养上加强学习。互联网在不断发展,我们需要与时俱进,培养自己快速发现、检索信息、高效处理信息并利用数字工具解决问题的能力,这是我们在数字时代生活所必须具备的工作、学习和生活技能。相对于青少年,长辈们在信息的搜索和使用上能力较弱,青少年可以帮助长辈加强检索信息的能力,在信息筛选中分辨有效信息、无效信息和广告,学习一些必备软件技能,全面提高数字能力,以适应数字化社会。

二、对长辈开放数字空间

　　随着网络信息技术的高速发展和智能手机的普及,人们使用网络的比例不断上升。微信月活跃用户已经超过 11 亿,人们的沟通变得更加密切和便捷,传播交流成本也随之降低。

　　人们除使用微信的文字、语音聊天功能外,最多使用的就是微信的朋友圈功能。我们通过朋友圈向外展示我们的生活,父母家人也可以通过刷朋友圈了解子女最近的生活状态,加强沟通和交流。但是现在有越来越多的学生不愿意向父母开放朋友圈,他们有的直接屏蔽父母,让父母无法看自己的朋友圈;有的干脆直接拒绝加父母为好友;还有人将自己的朋友圈查看范围设置为最近三天可见、最近一个月可见等。许多人认为对父母开放朋友圈有种随时被父母"远程监控"的感觉,他们希望自己有一个独立空间,可以避免父母频繁或者过分的干涉。在前述"青少年数字心理与家庭关系"的调查中,选择微信朋友圈(QQ空间)屏蔽父母的有68人,占48.23%;选择长期屏蔽父母的有34人,占有效样本数的24.11%。在探究青少年微信朋友圈(QQ空间)屏蔽父母的原因时,我们发现大部分青少年是怕父母不能接受自己发布的内容或看不懂来询问,也有对隐私暴露的担心(见图4-4)。

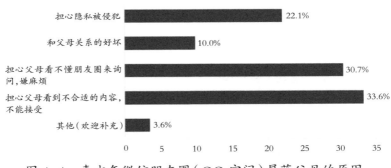

图4-4 青少年微信朋友圈(QQ空间)屏蔽父母的原因

人们在现实生活中表现出来的自我形象大多需要受到社会规范、他人印象等方面的影响。而在网络空间中,人们却可以构建虚拟的身份,按照自己的意愿进行自我呈现。但是随着微博、微信等应用的火爆,人们原本的私人领域信息、属于"后台"活动的生活细节也逐渐走到了公共视野中。

超过11亿注册用户的微信使得人们之间建立了密切的联系,也使我们的微信中出现越来越多的陌生人。以微信朋友圈为例,在已有的研究中,大部分用户在使用微信时会将不同人群进行分组。用户针对不同的微信好友展示不同的微信朋友圈和形象,这主要通过朋友圈分组和屏蔽功能来实现。此外,针对基于现实生活中的熟人关系的微信好友,微信朋友圈中的社交与生态也需要遵循线下社交及社会规范。

用户通过在微信朋友圈发表文字、图片、音乐、视频进行"印象管理",其余好友可以进行评论、点赞,与相同好友之间进行互动。这样基于现实社会关系的社交网络,也跨越了以物理空间为基础的社会交往场景。年轻用户群体由于自我满

资料链接

> 美国社会学家欧文·戈夫曼曾经以"拟剧论"来描绘人们日常生活中的行为。"拟剧论"将人们的行为发生区域分为"前台"和"后台"。"前台"是指个体按照特定的方式进行表演,并且让观众看到的信息区域;"后台"是与前台发生的表演行为相关,但是又与表演形象不一致的行为发生地,一般表演者能够在这里放松和休息。

足心理、群体心理等原因,在朋友圈中进行独特的自我展现。精心修过的照片搭配合适的文案及有趣的表情符号,希望在记录下美好事件的同时,能够给朋友展现自身的独特形象,并且期待获得好友正向的评估和反馈。

青少年添加父母为好友之后,与父母的沟通更多转到数字空间中,父母习惯通过浏览子女的微信朋友圈来及时了解其日常生

活和动态。而子女则认为父母不仅关注自己实际生活中的状态，还能够看到自己的线上形象并且进行评判。这种"全天候"的关心让子女有了一种被过度"监视"的感觉。

在一些调查研究中，有人直接说他感觉自己正在被父母通过微信"远程监控"；有人抱怨父母连自己换个微信头像都要干涉，说父母希望自己的微信头像是积极向上又阳光的，而自己的头像是一只网红猫，父母觉得猫不吉利；也有人说因为父母不懂年轻人的网络流行语，被父母批评自己的微信朋友圈太过低俗或者不合时宜，要他把微信朋友圈的动态删掉……有这些经历或者感受的人绝非少数，很多人对父母的这类要求感到不解。

资料链接

印象管理，也叫"自我呈现""印象整饰"，是指人们试图管理和控制他人对自己所形成的印象的过程。印象管理是欧文·戈夫曼通过系统的观察和分析于1959年在《日常生活中的自我呈现》一书中提出的理论。他认为社会交往就像戏剧舞台，每个人都在扮演某个角色，在社会互动中，每个人都竭力维持一种与当前社会情境相吻合的形象，以确保他人对其做出愉快的评价。

但是反过来，如果父母知道子女刻意屏蔽自己，不让自己看他们的微信朋友圈，他们会有什么想法呢？

有的家长刚开始不知道自己的孩子屏蔽了自己，还是通过和

欢迎来到我的世界

其他亲戚聊天才知道的。有位家长说孩子屏蔽自己可能是平时她对孩子过多干涉导致的。所以她装作不知道这件事,然后再通过亲戚的微信偷偷关注孩子的动态。还有的家长发现孩子屏蔽自己,觉得孩子可能长大了,心里有些失落……

研究发现,完全屏蔽父母的方式,不仅不利于父母与子女之间关系的发展,还容易使双方存在更多隔阂。而向父母开放微信朋友圈等社交空间,通过积极表现,增强与父母的沟通交流,则可以促进双方亲子关系的发展。

"青少年数字心理与家庭关系"的调查还发现,父母使用电子设备的水平会对父母理解子女的微信朋友圈内容产生正向影响。也就是说,父母使用电子设备的水平越高,父母对子女微信朋友圈内容的理解程度越高。这更加说明,青少年对长辈保持开放融合的心理是多么重要。如果青少年为长辈提供更多帮助,让长辈们更熟练地操作手机软件,更多进入数字空间,那么长辈们也就更能适应数字空间的氛围,这样就更能理解青少年在数字空间发布的内容。

三、融入长辈的数字社群

网络虚拟社群是指拥有某方面相同点的人通过互联网打破地域限制,在互联网空间中连接形成的互动场域和社会关系网络。网络虚拟社群中的成员和传统社会中的群体类似,他们都有着提供信息、建立群体认同感的功能。虚拟社群中的成员可能是陌生人，也可能是现实生活中的朋友或熟人。这样的虚拟社群不仅能将线上的网络生活和现实社会相连，还让人们在虚拟和现实的世界中产生互动与关系。

以微信为例，微信的许多功能设计就体现了它除基础通信功能之外的社交属性。微信的生态中可能存在两种社交网络：一种是类似于传统的手机通讯录网络，微信读取手机通讯录中的号码，向用户推荐可能的朋友；另一种是基于微信群形成的社交网络，这是由于微信群中的人们可能有相同的爱好或共同的话题。微信群聊与个人对个人的微信聊天不同，微信群聊中，成员的信息全部人可见，并且可被多向回复。个体可以查看群聊中全部成员名单及其详细资料，如果双方没有成为微信好友，则不可以进行一对一的私人聊天。因此微信群聊网络中的社交关系有强关系、弱关系，还有一种待激活关系，即在技术意义上存在的关系，但是未被激活。

作为一种网络虚拟社群，微信群一般可以归为功能类、情感社交类和综合类群组。功能类微信群多出于传输便捷、互动及时，提高沟通效率的目的，多是工作群等注重工作效率的任务导向性微信群。情感社交类微信群则多强调群组成员之间或以某意见领袖为中心的情感交流和集体认同建构。有不少研究表明，信任能够促进虚拟社群的信息分享行为，也是连接社群成员的情感纽带。

微信在 2013 年 6 月 30 日正式上线了微信群聊功能,而家族群是其中比较特殊的微信群。家族群以家族为单位,可以使家庭成员在线交往和互动。在新媒体技术环境下,普通家族情感的维系不再单纯依靠跨越物理空间的相遇,还可以通过家族群进行情感联络与沟通。群聊可以让分散在各地的家庭成员获得"在场"感,打破地域界限,就生活中的大小事情通过语音、文字、视频、分享信息、发红包等多种形式进行互动与交流,形成网络上的家庭虚拟社群。

欢乐一家人、幸福一家人、红红火火一家人、相亲相爱一家人、老李家、老王家、老刘家、阖家欢乐、温暖的家、家和万事兴……这里是不是也有你的家族群名?但如今家族群有一个共同点,那就是家族群总是沦为各种团购、资讯的分享群,只有在节假日期间才会有明确的讨论话题。虽然家族群活跃度不如工作群或一些娱乐话题群,但是好好运营这个群,却能够让大家找到共同的话题,对减少家庭内部的代沟也有很大的帮助。

以微信红包为例,逢年过节,亲朋好友在家族群里发红包,一来是讨个彩头,二来可以活跃家族群的气氛。红包的数量、金额大小都不是很重要,重要的是心意。其实在许多时候,家族群里非常安静,只要红包一发出来,群里的气氛就会很快升温。通过发红包这样简单的方式就能让整个家族群热闹起来,又何乐而不为呢?很多人可能有这样的有趣经历,比如妈妈在群里发红包之前,会先提醒小孩和爸爸:我要发红包了,你们准备好抢!这时候就要关注着家族群的消息,红包一出来就赶紧点开。也有人经常在家族群里用表情包"斗图",以活跃气氛,这时候长辈们就会在一边乐呵呵地看热闹。

在家族群中,长辈们喜欢嘘寒问暖、谈天说地,他们和子女的表现有明显的差别,也更加活跃。以微信表情包为例,高龄长辈们使用的多是简单直接、饱和度高的图像,而子女们的表情包有着更加丰富与多层次的特点。这主要是不同代际的心理状态、文化背景、生理特征等差异导致的。家族群中的长辈发照片、语音、视频等,积极地互动与沟通,青少年子女也应该融入家庭虚拟社群,在移动家庭场景中进行沟通,深化亲情。一方面,在空间上,可以通过微信群实现虽然相隔万里却感觉近在身边的虚拟家庭场景;另一方面,从时间上看,大家庭之间的交流频率也从过去的过年、过节等时间段转为即时互动和信息分享。这种时间和空间上的改变,使得亲人之间的情感和关系得以延伸与整合。

青少年积极融入家庭虚拟社群,还可以获得情感上的认同和寄托。中国传统家庭关系是基于血缘、亲缘和姻缘关系的共同体。青少年积极融入家族群,是对家庭身份的认同,在微观上可以得到个体之间的身份认同,在宏观上可以获得对整个家庭的依附感和归属感,形成较为稳定的情感纽带。家族群不仅能够增强线下成员之间的凝聚力,还强化了族群中个体之间的亲密关系。

第二节　社会数字共享心态

💡 你知道吗？

　　一个人能做的事情或许很少，但当我们一起，所汇聚的能量或许远超我们的想象，这也正是所谓"众人拾柴火焰高"。作为打造互联网生态的开发者们，"开源"是他们始终秉持的理念和精神。开源，让技术交流变得更简单，让资讯分享变得更通畅。开源的背后是一种数字共享的态度；共享可以是物质的，也可以是精神的；共享更可以辐射到城乡、全球范围。数字共享的态度，是实现网络社会可持续发展的重要路径。

一、学生群体之间的数字共享

　　相比阅读纸质书籍，kindle、微信读书、QQ阅读等方式越来越普遍，大多数受众开始偏爱使用社交媒体进行数字阅读体验，并与其他人分享。

　　《2019年度中国数字阅读白皮书》显示，全民阅读发展态势蓬勃。截至 2019 年,我国数字阅读用户总量达到 4.7 亿,人均电子书年接触量近 15 本,接触 20 本以上电子书的用户达到 53.8%,每周阅读 3 次及以上的用户占比达 88.0%。如今我们已经身处"一屏万卷"的数字阅读时代,数字阅读作为全媒体时代的新型阅读方式,从诞生到发展,都极大地丰富了人们的阅读体验和文化生活。"90 后"数字读者占比过半,达到 55.6%,其中大学生付费意愿最为强烈。在数字阅读用户 IP 改编关注度方面,白皮书显示,影视改编付费意愿最强,达 45.8%,动漫改编付费意愿紧随其后,达 38.1%。此外,动漫改编关注度较 2018 年上涨了 4.3%。白皮书同时指出,2019 年,中国数字阅读内容创作者规模继续扩大,已达到 929 万人。其中,年轻作者快速成长,"90 后"作者占比高达 58.8%。排名前三的大学生社交阅读平台分别是微信、微博、知乎。根据调研显示,学生主要使用的纯读书类 App 有赏阅读书、起点读书、掌阅读书、QQ 阅读、微信读书等。

数字阅读提供了海量内容,社交媒体则为这些海量内容提供了传播渠道,共享与交流成为常态。媒体的社交化趋势让越来越多的软件有了分享功能,不论是购物软件、修图软件还是读书软件,都有一键分享的功能。学生群体间的数字共享最直接的体现就是通过在线发送链接,传递文字、图片、视频资料。

技术进步和移动互联网日趋完善,青少年们渐渐沉浸于社交媒体之中。通过在微信朋友圈、微博、知乎等社交媒体发布、转发状态或内容,以点赞、评论等方式与他人互动,是青少年们几乎每时每刻都在进行的社交活动。阅读,也从较为私密的个人行为,演变成以"共享"和"互动"为特征的群体化行为,高度契合了青少年们的社交需求。

2018 年 12 月,微信新版本出现一个重要变动。点开微信"发现",有一个新的入口,叫"看一看"。原本公众号文章右下角的点赞按钮,被改成了"好看",被你点击"好看"的内容,都将被纳入微信"看一看"的算法推荐内容池,以"朋友认为好看"的标签被其他好友看到。此后,微信又将"好看"改为"在看"。网络传播时代,分享是一件非常便捷的事情,青少年之间通过网络链接分享数字化信息,可以在他人需要的时候提供帮助,利于维护朋友间的关系,同时与他人分享有价值的信息,被他人看到,也可以获得心理满足。

社交媒体这种基于趣缘的信息生产、分享和传播模式,突破了简单的技术链接,转向为情感共鸣和价值认同。多了解朋友们在看什么,可以增加朋友们之间的谈资,更重要的是,避免自己被困在自己的"信息回音室"里,能开阔自己的视野,帮助自己感知外部环境,并及时做出反应。

二、社会群体之间的数字共享

数字化背景下,共享理念成了今后社会建设的一个指导性要求,而共享的标准毫无疑问便是社会资源的数字化统筹与分配。

2019 年 4 月 11 日上午,相距数十公里的四所城乡小学的学生,通过互联网在线课堂,共享了由某中心小学老师精心准备的一堂精彩的语文课,实现了城乡不同学校间"同时、同堂、同构、同师"的"互联网 + 教育"的四同教学新模式。

在网络技术普及之前,传统的交流是身体在场的传播形式,传受双方需要在特定的场所,以课堂教学和书籍为媒介进行知识的扩散和接收。如今是知识爆炸的时代,在冗余信息的包围下,用户对知识的渴望日益凸显。互联网的发展推动新时代到来,传统知识传播体系改变,以用户为中心的内容生产日渐增多,大家逐渐接受了利用互联网进行知识共享的方式,习惯于通过网络提问来获取经验和知识。新型问答社区逐渐出现在人们的生活中,它区别于百科和传统问答,创造性地将问答属性与社交元素联系起来,致力于以构造知识共享平台的形式为用户答疑解惑,满足社交需求。

从问答社区的发展来看,知识的共享逐渐倾向于以关系社区的形式帮助用户提出问题和解答问题。像知乎、贴吧这样的社区,聚集了行业、兴趣爱好、学习背景不同的用户,改变了知识共享的机制,相比于专家问答,它们打造的是一个普通人的知识传播平台,人人都能回答问题,满足了知识拥有者的表达意愿。知乎的机制就是通过关注点构建人际网,它根据问答内容划分不同的门类,涉及经济、文学、体育等诸多话题,不同群体和领域的人可以在这里互相交流,共享知识。

互联网的日渐发展使得数字鸿沟的概念得到重视。网络时代,每个人都可以参与知识讨论,尤其是在问答社区的讨论中,每个用户拥有平等的媒介使用权和话语权。问答社区的发展有助于知识均权、传播新秩序的实现,也有益于消除知识鸿沟,它革新了知识传播的方式,同时也促进了知识的共享。

三、城乡群体之间的数字共享

由于农村用户对网络信息的利用率普遍较低,在生活、生产方式日益信息化的背景下,可能会逐渐丧失参与发展的机会和能力,而城市个体利用自己的信息优势,会形成新一轮的竞争优势,原本落后的农村就进一步面临信息劣势。这是由城乡数字鸿沟产生的马太效应,使得优势资源地区更具有优势,劣势地区被边缘化,长此以往,信息分配更加不均匀,影响到社会各阶层人们的交流方式,也会影响"三农"问题的解决。

建立城乡数字共享工程,以大数据分析技术为核心,为城乡用户提供集成和智能化的服务,可以减少城乡数字鸿沟。也可通过数字农业生产平台、数字经济消费平台、数字文教和社会保障平台等多个平台,缩小城乡在接入数字传播方面的差距。

在城乡数字共享工程的设计中,第一,以技术为主线,把握城乡数字共享工程中各个平台的建设和服务标准。例如,应该突出标准统一的资源,通过实地调研农村服务群体的资源需求,实现资源需求与资源建设的对接。在资源网站方面,例如数字文化资源网站建设上,采取标准统一的原则,增强平台使用的便利性。第二,在服务方式上,逐步实现进村入户到人,从宣传上加强普通农村居民对互联网的基础认知和理解。在具体的服务活动中也需要进行针对性设计,尤其是农民、进城务工人员、城乡老年人群体和农村留守儿童。第三,在内容上,注重城乡数字文化资源建设的完善。最后,还要以人为本,根据城乡不同群体的特性,制订专门的培训计划。

城乡数字共享平台同样要以推动人才培训计划为目标,可以开展数字信息综合素质教育,推进农村和进城务工人员培训,加强基层服务队伍培训;可以针对城乡差别,在城市、乡镇的学校范围内普及。另外,在培训课程上,根据不同群体设计不同内容。在农村和进城务工人员的培训上要主动,主动走向农田、工厂、工地等人员聚集地,同时也要因需确定培训内容。

以教育信息化为例,"推进城乡一体化优质数字教育资源共建共享及有效应用研究"是全国教育信息技术"十二五"研究规划课题。它针对当前的城乡教育信息化发展现状,探索教育信息资源对缩小城乡教育发展差距的影响和作用。城乡数字资源是指以数字化形式记录的,以多种媒体形式表达的,分布式存储在电、光等载体上,并通过网络通信、计算机终端等方式传递和在线的信息资源的集合。在内容上,通过计算机网、电信网、广播电视网"三网合一",推进城乡数字一体化的发展,建立起城市优质教学资源与农村相互沟通的桥梁,把区域内优质数字资源,通过计算机网络输送到农村区域。这些教育资源可以包括各种网络教学课程、名师视频、试题库、学习网站等。通过建立地区优质教育信息数字资源库,并搭建多媒体教学环境,通过互联网将优质教育资源不断送到农村地区,也能够在信息技术环境下方便城乡教师协同开展教学工作,促进教师的成长和思维空间的拓展,激发学生内在的学习动机,为促进教育协调发展贡献力量。

第三节　世界数字发展襟怀

💡 你知道吗?

2006 年,《世界是平的:21 世纪简史》成为全球畅销书,作者认为在全球化的背景下,世界会变得更加扁平。诚然,扁平的世界尚未来到,全球化进程由于各种力量的交错在不断变化,但网络社会带给发展中国家的却是前所未有的机遇,唯有积极参与数字化国际交流,建立数字化文化自信,主动进行数字化传播,才能在全球数字化浪潮中占据一席之地。

基于网络协议的数字化设备,在算法、大数据、物联网的帮助下,正在改变我们身边的一切。有了移动数字终端,人们能随时随地记录生活点滴,并上传至云端。从理论上讲,一部智能手机便足以容纳一切,让你远离传统的纸和笔,但是首先你得有足够的耐心和韧性,在手机、平板或者电脑上敲下一段笔记的时间,也许够你用签字笔在纸上写下一篇随笔,并画上一幅小插画了。Livescribe 公司发布了一款叫 Sky WiFi Smartpen 的数码笔,它配备一本专门设计的笔记本,并拥有最少 2G 存储。这支笔最大的特点是,所有在该笔记本上的手写笔记和相应链接的音频文件,都会在连接 WiFi 后上传至网络,然后就可以在几乎任何 PC、平板电脑以及智能手机上查看。未来,将会有更多新科技涌入我们的生活,接入互联网也将变成人类的基本权利之一。

根据全球议程委员会发布的关于未来的软件和社会研究报告,到 2022 年,无论是你穿在身上的衣服,还是你脚下踩着的地面,无论是汽车、电器,还是其他日常用品,所有的一切都将连接互联网;手机将可以更精准地监测用户的健康状况,而且可以让用户通过脑电波和手机进行沟通,而不是通过语言;到 2025 年,我们了解的很多新型技术都会达到新的变革临界点,并渗透我们的衣食住行。

时代的发展比想象迅猛,昨天还在实验室里才能看到的 3D 打印,今日已经商业化;昨天还在科幻电影里才能看到的隔空操作,今日已经成为现实。最有趣的交互将不再是人和计算机、手机的交互,而是人和任何智能设备的交互,可能是电视、手表,也可能是一支笔……单一的交互形式已经不再适用。你本以为手势交互已经是最直观、最高效的交互,可是注视交互等新的交互形式却在不断刷新你的认知。多种交互形式的结合,才是未来的趋势,所以我们要把握好现在,放眼未来,对世界保持数字发展的襟怀,经济、文化等各个方面也都要顺应全球范围内"数字化、智能化"的技术发展浪潮。

一、参与数字化国际交流

正如京东金融 CEO 陈生强所言,当下的中国,正处在信息化、SaaS（Software-as-a-Service 的缩写,意思为软件即服务,即通过网络提供软件服务）化、移动化和 AI 化的四化合一阶段,这四化合一,构成了数字化企业服务。他在"数字经济"论坛上发表主旨演讲时,提出数字化企业服务,是基于企业经营的四个维度进行数字化,即场景数字化、用户数字化、产品数字化、运营和管理数字化。数字化企业服务采用 B2B2C 模式,可以通过服务实体企业,进而服务他们的客户,它既是效率优化工具,又是收入增长工具。

2018 年 12 月 27 日,阿里国际站正式宣布启动数字化出海计划,利用数字化产品、工具和服务,覆盖跨境贸易所有环节。数字化出海计划还包括帮出口企业实现数字化转型,以适应碎片化、个性化、定制化的新外贸时代。

对出口企业来说，通过数字化出海解决方案，既能更快更精准地找到买家、高效成交，又能获得持续性订单，降低出海成本。阿里达摩院为国际站提供的智能翻译技术能识别 43 种语言，让买卖双方沟通无忧。阿里国际站正聚合蚂蚁、菜鸟、阿里云、钉钉和达摩院等阿里经济体和生态伙伴的力量，搭建一条数字化外贸新链路，并完善这条新外贸通路上的数字商业基础设施。

木瓜移动是一家以大数据技术研发科技为代表的企业，以大数据为基础，以核心算法为手段，经历了多年实践，终成品牌形象与实力兼具的科技公司。借助中国互联网出海浪潮，木瓜移动发挥自身独特的优势，编织全球数字化营销网络，企业的海外营销服务业务也发展得更远、更全面。

摩根士丹利报告分析指出，医疗领域在大数据增长最快的领域中位于榜首。医疗大数据即医疗过程中产生的海量数据。它不仅包括医疗过程中产生的服务和行政管理数据，还包括复杂的医疗数据，如临床医疗数据、医学影像数据、制药科学数据以及涉及人类基因学的一些数据。

美国非营利组织临床肿瘤学协会曾于 2013 年开展一个利用大数据来协助治疗癌症的项目，因为大数据具有 4V 特点：Volume、Variety、Velocity、Value，即大量、多样、高速、价值。数字化国际交流不应局限于经济贸易领域，还应包含医疗等领域。利用大数据在医院之间进行及时高效的数据交流，对大数据进行研究与分析,有助于治疗疾病,加快新药研发速度,把握病情趋势和病人的流向,及时防止疾病蔓延。这对整个社会乃至全人类来说都是十分有益的[1]。

使用 3D 打印技术制造飞机和骨骼已经变为现实。2019 年 4 月 15 号,以色列成功制造出世界首个 3D 打印心脏。这颗心脏大小与樱桃相近,却为未来人体心脏移植和心脏搭桥等手术的成功提供了无限可能性。未来,越来越多的人将获得数字化身份,数字化和人们的物质生活的联系正在变得更加紧密,而且数字化生活将会变得越来越重要。

二、建立数字化文化自信

文化自信,是更基础、更广泛、更深厚的自信,孕育了五千多年的中华优秀传统文化,积淀着我们中华民族最深层次的精神追求。语言和文化互承互载,语言的使用本身就存在着文化情景的重构和文化意识的选择问题,而在过去的语言教学过程中,我们更多的是以接受者的身份去教授和学习英语,甚至经常以"弱"与"强"的方式对比中西文化。可以说我们很长时间都处于一种文化逆传播状态。

以往大部分软实力输出都发生在线下机构,比如中国文化

---

[1] 吴梓妍. 大数据时代:数字化医疗发展机遇与挑战 [J]. 产业创新研究,2018(12):35-36.

典籍外文版的出版,中国功夫、中医等中国传统文化元素的全球推广。但随着互联网技术和模式的不断创新,互联网企业正在承担起文化输出的责任,尤其是互联网教育平台,将中华文化输出与自身发展战略相结合,发挥了出人意料的作用。例如 2018年,VIPKID 联手故宫首创中英文线下体验课,结合实物藏品向来自 VIPKID 的外教与小学员进行讲解,而这些课堂内容又会被 VIPKID 利用大数据、AR 等技术打造成一系列面向全球的线上互动课程,向全世界传播[1]。

在数字人文的背景下,数字化也是当下及未来非遗保护与传播的主要方式之一,未来文化遗产的形成基础正是今天的数字化信息。如将西藏纯手工精羊毛哗叽纺织产品泽帖尔的工艺流程以三维动画转化成数字文化形态,实现网络平台共享。

2010 年,故宫博物院联合北大和微软亚洲研究院研发了"走进《清明上河图》"沉浸式数字音画展示项目,研究人员针对《清明上河图》散点透视的空间造型特点,根据画卷情节安排了 54 个场景,模拟设计了 700 多段人物对话,采用千兆级高分辨率的数字影像,最终再现了原作的所有细节。观众在游览过程中,不仅可以通过多点触控屏幕拖动与放大画作细节,随着观众与展品的交互,系统还会根据观众浏览位置实时合成画作中的人物对白、环境音效、背景音乐等,创造一个具有交互特性的虚拟场景,帮助观众在沉浸

---

[1] 文静 . "互联网 +"课堂和"文化自信"背景下跨文化交际能力培养的思考 [J]. 才智,2019(7):30.

跨越大洋彼岸的虚拟旅行

式的虚拟漫游中了解其背后所蕴含的无形文化内涵。

在 AR 技术日渐成熟的背景下,许多项目开始将 AR 作为文化遗产领域前沿性的数字化技术手段。国外基于 AR 提出了一种名为 World-as-Support 的新兴互动形式,在场馆内虚拟展示了西班牙内战期间建造的防空洞遗址。还有一些文学博物馆为参观者提供 AR 服务,展示意大利小说家伊塔洛·斯韦沃(Italo Svevo)的作品和生活,将博物馆的参观者与城市中的相关地点联系起来,通过 AR 拓展空间并创建博物馆的虚拟部分,以叙事等个性化方式增强游客体验,充分体现出 AR 在文学博物馆中的积极作用。

早期非遗博物馆、图书馆、档案馆等受限于文献保护因素,加之技术应用较为单一,多数线上馆仅能提供文本、图片及少量音视频资料的检索与浏览。数字成像技术使非遗机构能够在基础性保存、保护之上,优化非遗保护手段,在展示传播中增强线上或者现场访客的体验感。

数字技术环境下,非遗博物馆的展示方式发生了变革。总的来看,目前非遗馆中融合了静态与动态两种展示方式,静态展示主要通过非遗器物或者器物模型、文字、标签、图纸、展示造型以及图片、照片等物质元素的静态展陈实现,其中图片、照片等也可以在屏幕上进行数字化展示;动态展示包括舞台表演、现场人工导览、传承人表演展示、访客参与活动等非数字化方式,也包括影像播放、语音介绍、幻灯片播放、网站、3D、VR、AR、人机交互、人工智能等数字化方式。数字化展示手段创造了更多展示的可能,能够全面展现非遗的表现形态与内在魅力。

数字化的非遗馆展示中,先进的界面提供与展品交互的新方式;新的通信和社交媒体工具进一步帮助博物馆向公众提供信息;3D、VR、AR 等高级界面能够改进访问,以实现更好的博物馆体验,VR 为参观者提供传统博物馆无法实现的虚拟体验,AR 可以将博物馆或非遗场所中的真实环境与虚拟环境相结合;投影设备在数字博物馆中不仅用于展示展品,也用作导航或信息辅助工具;移动设备,如智能手环或智能眼镜等,也日渐成为非遗馆中的常用设备;幻灯片、动画、音视频结合的数字叙事方式广泛应用于数字博物馆;满足用户特殊需求的机器人也应用于协助访客克服自身限制,享受文化遗产。

跨文化交流本就应该是文化间平等的对话,文化没有优劣,只有区别。近年来,不少传统文化通过文创的方式变得更加大众化,如综艺节目《国家宝藏》和《上新了·故宫》,都以"亲民"的方式走进大众心中,进一步提升文化普及率以及文物知晓率。中华优秀传统文化是根,唯有悉心浇灌,才能长出茂盛的文化自信之叶。我们了解西方文化的同时,也应该传承中华民族的优秀文化,有文化自信的民族才能精神抖擞地走向未来。

三、主动进行数字化传播

数字化是指信息领域的数字技术向人类生活各个领域全面

推进,以数字制式全面替代传统模拟制式的转变过程。数字化传播凭借其传播速度的即时性、传播内容的多元性、传播媒介的整合性、传播方式的互动性等优点,将成为传播能力建设过程中最有力的推动因素。

新媒体时代,用户具有信息的编写权,他们既是内容的接收者、传播者,也可以是信息的制造者,可以决定在哪个平台,从什么角度,以怎样的方式,说些什么,说给谁听。消费者也可以通过公众号的图文消息进行评论和留言,在直播平台或视频中进行弹幕留言,还可参与 H5 页面活动和跨屏互动等。

在数字化浪潮的冲击下,用户获取信息的途径不断扩充,传统媒体也在进行数字化转型。数字化最直观的展现形式就是数字化介质,纸质内容被直接搬上了大小各异的屏幕。移动客户端与公众号出现井喷式增长,媒体的社交互动功能越来越强,并依托纸媒时代塑造的广泛影响力获得了大量下载量。

其实数字化转型最重要的是新媒体思维的飞跃,在这一阶段,南方报业传媒集团的数字化产品"南方 +"App 就是典型代表。它采用全新思路,不再止于形式上的新,不仅为用户提供新闻资讯,还推出了包括地铁公交线路查询、政务服务、医院挂号、港澳通行证办理乃至台风路径查询等在内的一系列完备的服务功能,充分满足了用户的各类需求;开展大量对外合作,提供福利,吸引用户;与各类企事业单位合作,推出了如有奖竞答、共享单车联名卡在内的大量福利,且每天更新,调动了用户持续关注

资料链接

2015 年 3 月，全国人大代表马化腾于两会上提交了《关于以"互联网 +"为驱动，推进我国经济社会创新发展的建议》的议案。马化腾表示，"互联网 +"以互联网平台为基础，利用信息通信技术和各行业的跨界融合，推动产业转型升级，并不断创造出新产品、新业务与新模式，构建了连接一切的新生态。

2015 年 3 月 5 日，十二届全国人大三次会议上，李克强总理在政府工作报告中首次提出"互联网 +"行动计划。李克强表示，要制定"互联网 +"行动计划，推动移动互联网、云计算、大数据、物联网等与现代制造业结合，促进电子商务、工业互联网和互联网金融健康发展，引导互联网企业拓展国际市场。

产品的积极性。这就是数字化时代的全新思维[1]。

"互联网 +"对生活的渗透使人们的交往方式、思维方式发生了改变，人们能够在虚拟和现实、线上和线下之间进行自如切换。任何人要增强自身的影响力，必然要借助"互联网 +"的力量，通过数字化技术和数字化媒体，也能把推广活动延伸至虚拟网络空间，利用广告、公关、销售、人际等传播手段与目标受众进行持续

---

[1] 尹佳 . 传统媒体数字化转型策略探究 —— 以南方报业传媒集团为例 [J]. 视听 .2018（3）：117-118.

互动交流,实现传播效果最大化[1]。基于社交网络,结合互联网传播特点的互动营销活动为品牌和消费者之间的平等交流、实时互动提供了机会。

数字化传播带来"创意 + 内容"的转变方向。数字化的传播是多向的,内容是生动的。图、文、声、像,能够通过设计被加以利用,以不同的组合形式发挥自身优势,如创意视频、现实情景模拟,形成身临其境的视听效果,产生感同身受的情景带入。VR 和 AR 技术在近几年发展迅猛。2016 年,任天堂公司推出的手游产品《口袋妖怪》在全球风靡,游戏与 VR 技术结合,使虚拟的游戏角色"活"了起来,不仅将人们与角色的互动场景挪到了室外,还让人们与角色有了更加亲密的关系。

在 2018 中国"互联网 +"数字经济峰会上,马化腾在题为"互联网 + 助力数字中国建设"的演讲中讲到,在中国数字化进程中,腾讯扮演的是各行各业的助手,推动社会向数字经济转型。腾讯将在民生政务、生活消费、生产服务、生命健康和生态环保五个领域,助力数字化转型。比如在民生政务方面,重庆国税推动"互联网 +"落地项目,通过微信公众号开设电子商务局,开发票不再需要拿着材料一遍一遍跑,办事者可线上认证,当天办手续,微信刷脸办税,简化流程,提高效率。

数字化转型是一个既快速又漫长的过程,若能把握好机遇,

[1] 钟咏冰 . 浅析"互联网 +"对品牌数字化传播策略的影响 [J]. 中国民族博览,2018（5）: 244-245.

便能实现快速而巨大的突破。漫长是指数字化时代的竞争与挑战在不断涌现,因此我们必须主动进行数字化传播,时刻准备做出改变。把握数字化本质,适应受众需求,方能在这个时代开辟出一条崭新的道路。

参考文献

1. 朱庭光. 外国历史名人传 [M]. 北京：中国社会科学出版社；重庆：重庆出版社, 1984.

2. ［美］阿尔文·托夫勒. 力量转移：临近 21 世纪时的知识、财富和暴力 [M]. 刘炳章, 等译. 北京：新华出版社, 1996.

3. 曹荣湘. 数字鸿沟引论：信息不平等与数字机遇 [J]. 马克思主义与现实, 2001（6）.

4. ［美］约书亚·梅罗维茨. 消失的地域：电子媒介对社会行为的影响 [M]. 肖志军, 译. 北京：清华大学出版社, 2002.

5. 冯乃林. 中国 2010 年人口普查资料 [R]. 北京：国家统计局, 2010.

6. 郭庆光. 传播学教程 [M]. 北京：中国人民大学出版社, 2011.

7. 何志武, 吴瑶. 媒介情境论视角下新媒体对家庭互动的影响 [J]. 编辑之友, 2015（9）.

8 韦路, 谢点. 全球数字鸿沟变迁及其影响因素研究 —— 基于 1990—2010 世界宏观数据的实证分析 [J]. 新闻与传播研究,

2015（9）.

9. 熊光清 . 全球互联网治理中的数字鸿沟问题分析 [J]. 国外理论动态 ,2016（9）.

10. 中老年互联网生活研究报告 [R]. 北京 : 中国社会科学院社会学研究所 ; 腾讯社会研究中心 ; 中国社会科学院国情调查与大数据研究中心 ,2018.

11.［美］麦克·哈特 . 影响人类历史进程的 100 名人排行榜 [M]. 赵梅 , 韦伟 , 姬虹 , 译 . 海口 : 海南出版社 ,2020.

后　记

　　《青少年网络素养读本》是为我国青少年提高网络素养，由宁波出版社特别组织相关作者撰写的读本。《数字鸿沟与数字机遇》是《青少年网络素养读本·第2辑》之一，试图从数字化的角度解读"硬币"的两面——数字鸿沟与数字机遇。

　　数字化是将许多复杂多变的信息转变为可以度量的数字、数据，再以这些数字、数据建立起适当的数字化模型，把它们转变为一系列二进制代码，引入计算机内部进行统一处理的过程。数字化在网络时代得到了广泛应用，有助于各种资源在网络上的交换；互联网的诞生，又促进了数字化的发展，使得更多的资源能够在互联网上进行整合。

　　在以上互动过程中，一方面，不同群体的物质条件不同，对数字化的敏感程度不同，驾驭能力也不同，自然形成不同的结果，数字鸿沟因此产生。另一方面，正因为数字化是新的"能量"，恰恰给了部分群体，尤其是原本条件更弱的群体"逆袭"的机遇。

　　青少年们，请仰望星汉灿烂的数字天空，提升网络媒介素养，正确认识数字鸿沟，把握数字机遇，成为未来社会的中坚力量。

在本书的编写过程中，武汉大学新闻与传播学院硕士研究生师薇、徐鑫柔、朱单利、黎铠垚、刘嫣然，武汉外国语学校美加分校国际高中部17级王柏蘅同学做出了贡献。宁波出版社的编辑反复推敲本书的细节，组织绘制插图，在此一并致谢。

谢湖伟

2020 年 12 月

图书在版编目（CIP）数据

数字鸿沟与数字机遇 / 谢湖伟著 . — 宁波 : 宁波出版社 , 2021.5

（青少年网络素养读本 . 第 2 辑）

ISBN 978-7-5526-4103-5

Ⅰ . ①数 … Ⅱ . ①谢 … Ⅲ . ①计算机网络—素质教育—青少年读物 Ⅳ . ① TP393-49

中国版本图书馆 CIP 数据核字（2020）第 216250 号

丛书策划	袁志坚	**责任印制**	陈 钰
责任编辑	张利萍	**封面设计**	连鸿宾
责任校对	徐巧静　陈　钰	**封面绘画**	陈 燨

青少年网络素养读本·第 2 辑
数字鸿沟与数字机遇
谢湖伟　著

出版发行	宁波出版社
地　　址	宁波市甬江大道 1 号宁波书城 8 号楼 6 楼　　315040
电　　话	0574-87279895
网　　址	http://www.nbcbs.com
印　　刷	宁波白云印刷有限公司
开　　本	880 毫米 × 1230 毫米　1/32
印　　张	5.75　　插页　2
字　　数	120 千
版　　次	2021 年 5 月第 1 版
印　　次	2021 年 5 月第 1 次印刷
标准书号	ISBN 978-7-5526-4103-5
定　　价	25.00 元

如发现缺页或倒装，影响阅读，请与出版社联系调换　电话：0574-87248279